ちくわぶの世界

昭代
Akiyo

写真
渡邉博海
Hackai

ころから

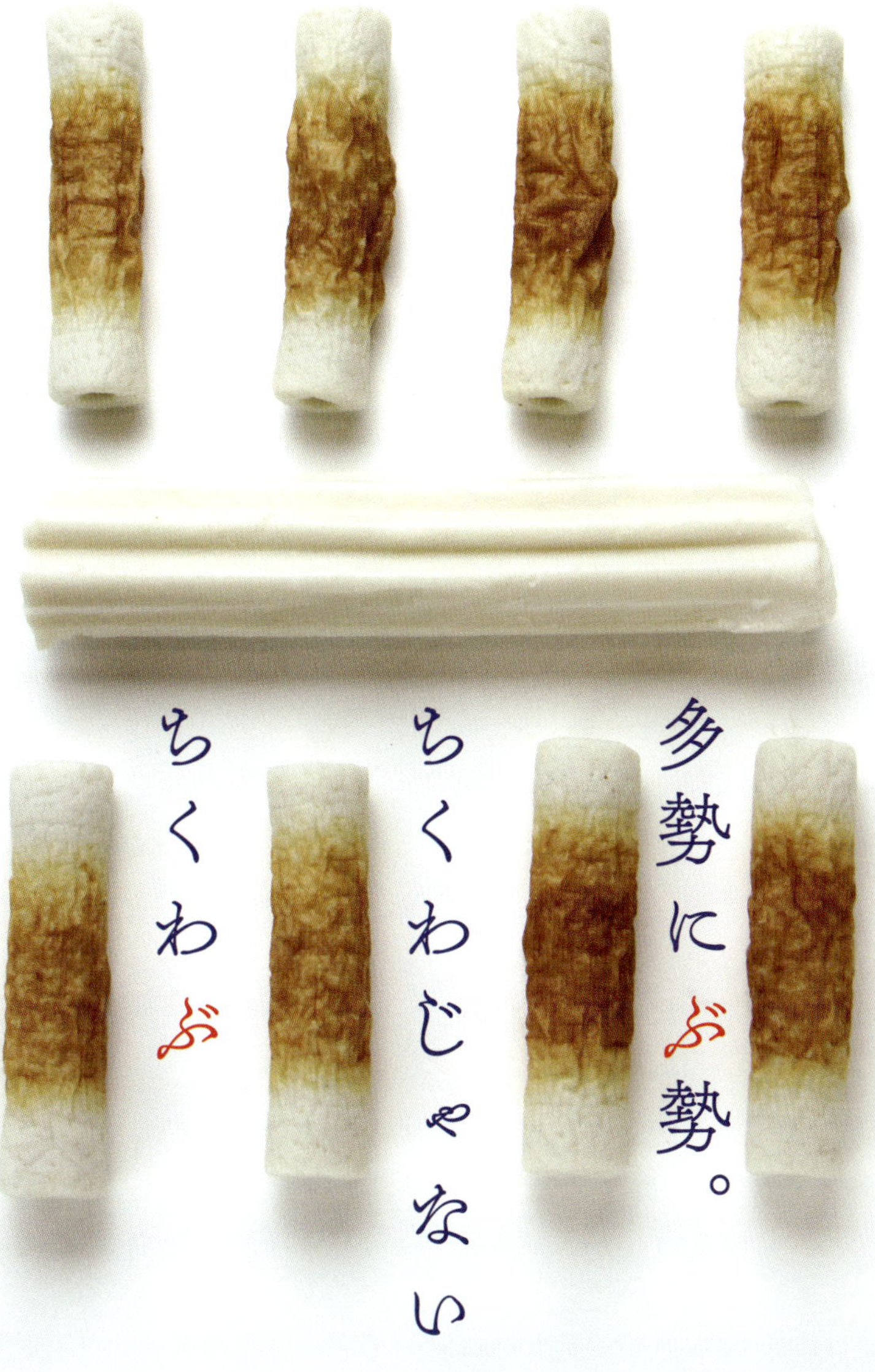
多勢にぶ勢。
ちくわじゃないよ
ちくわぶ

フランス語では、
ティックワヴゥと
いいます

だれも
ちくわぶが
入っていると
思うまい

炭水化物オン炭水化物ですが、
なにか？

美味しいものは、結局糖質と脂質でできている

関西の皆様、よろしくね
ちくわぶon
お好み焼き

仲良くなれる気がします

ちくわぶは飲み物です

ちくわぶのキャンドルチョコ
クリスマスもちくわぶで決まり

穴あきインザUK

おでんの主役は
もちろんちくわぶ

ちくわぶの聖地　北区赤羽。

ちくわぶ、世界に

東京ちくわぶ物語

おでんトリオの巻

ちくわぶの世界へようこそ。

ちくわぶの世界へようこそ。
この本で私が伝えたいことは
「ちくわぶは素晴らしい」ということ。
ただの小麦粉のかたまりなのに？　と思った方へ。
そう、ただの小麦粉のかたまりが、美味しい出汁《だし》を
たっぷりと吸い込み、ほかの「粉もん」に勝るとも劣ら
ないモチモチの食感を生み、煮るだけでなく、焼いても、
揚げても、茹でても美味しいなんて奇跡の食材!?

そして独特なビジュアル。あの8角形には、ちくわぶをこよなく愛してきた町の、裕福ではない家庭の知恵が詰まっているのです。

より美味しく食べるにはちょっとした「コツ」があり、皆さんが思うほどに「ただの小麦粉のかたまり」でもないのです。

それを知ってしまった私は、いまその秘密まるごと世界に伝えたいのです！

東京の下町で生まれ育った私には当たり前にあった「ちくわぶ」をより深く、そして身近に感じるため、都内はもちろん、静岡県や神奈川県、茨城県まで取材に出かけました。

〝ちくわぶのすべて〟を知った上で改めて「ちくわぶは素晴らしい」という事実を皆様にお伝えしたいのです。

もちろん、ボーン・トゥ・ビー・ちくわぶラバー（生まれながらにしてちくわぶ好き）な方には、もっともっと知ってもらい、さらに愛を深めていただける内容になっています。

ちくわぶの製造方法、ちくわぶ誕生の秘密、メーカーごとの思いやその特徴、はてはちくわぶを自分で作る方法、ちくわぶが活躍するお店から小麦粉とはなんぞやについても取材してきました。もちろんちくわぶの美味しい食べ方やレシピも公開しています。

ちくわぶの世界へようこそ。

ちくわぶは、ただの食材。扱い方によってとびきり美味しくなり、その反対に「味がしみてなくて粉っぽい」「食感がねちゃねちゃする」ようにもなってしまいます。

最初にそんな残念なちくわぶを口にしてしまって、ちくわぶ嫌いになってしまった方にもちくわぶの可能性をお伝えできたら嬉しいです。

「ちくわぶってちくわじゃないの?」という超ビギナーの方には、その入門書としてお読みいただければ、ページを閉じたときにはスーパーやコンビニ、おでん屋さんに向かうことになると思います。

私と同じ熱量でちくわぶを愛しているクレイジーケンバンドの小野瀬雅生さんとは、ちくわぶの未来について語り合い、ちくわぶの可能性を確かめました。

決して派手さはなく、実に「地味」な存在であるちくわぶですが、だからこそ、脇役も主役もこなせます。

おでんはもちろん、いろんな食べ方で楽しんでいただきたいです。

「美味しいはしあわせ」

美味しいちくわぶでしあわせな笑顔を増やせますように。

ちくわぶ料理研究家・**丸山晶代**

もくじ

2本目 ちくわぶの愛され方 83

もくじ

〈　特　別　付　録　〉

1本目

ちくわぶの生まれる場所

ちくわぶができるまで
丸山晶代の工場見学レポート

全く知られていない、ちくわぶの製造過程とは？

　ちくわぶの製造過程は、ほとんどの方が知りません。また既存の書物でも間違って記述されているものもあり、正しく知ってもらうために、まずはちくわぶが生まれる現場を取材しました。

「ちくわぶの聖地」とも言える東京都北区赤羽の「川口屋」の工場見学へ、いざ出陣！

小麦粉と水、さらにここでは塩をミキサーに投入して捏ねる作業。ここでグルテンができてもっちりに！

①まず捏《こ》ねまーす。

と簡単に言いますが、小麦粉に対しての水の量は季節、天候、朝と夜でも微妙に変えているそうです。

そこは職人さんのさじ加減。ここでよく捏ねる事でグルテンを発生させています。

②捏ねたものを伸ばします。

パスタマシーンみたいなので職人さんが簡単そうにやっていますがこの道50年のベテラン。なんと手には、ちくわぶ作りで出来た〝タコ〟があるのです。

素人がやると層のすきまに空気が入ってしまい、はがれやすくなるんだそう。

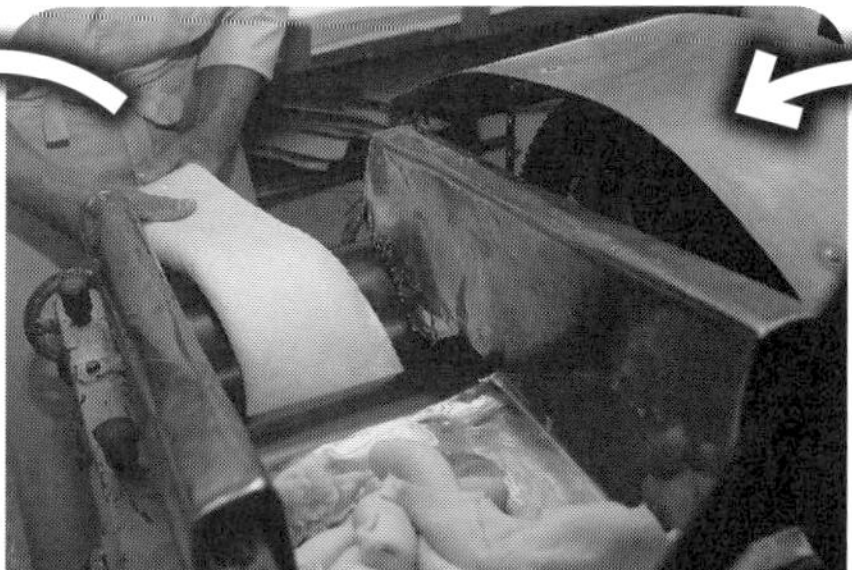

ローラーにかけて伸ばす作業。一見簡単そうだが、実は熟練の技が必要とのこと

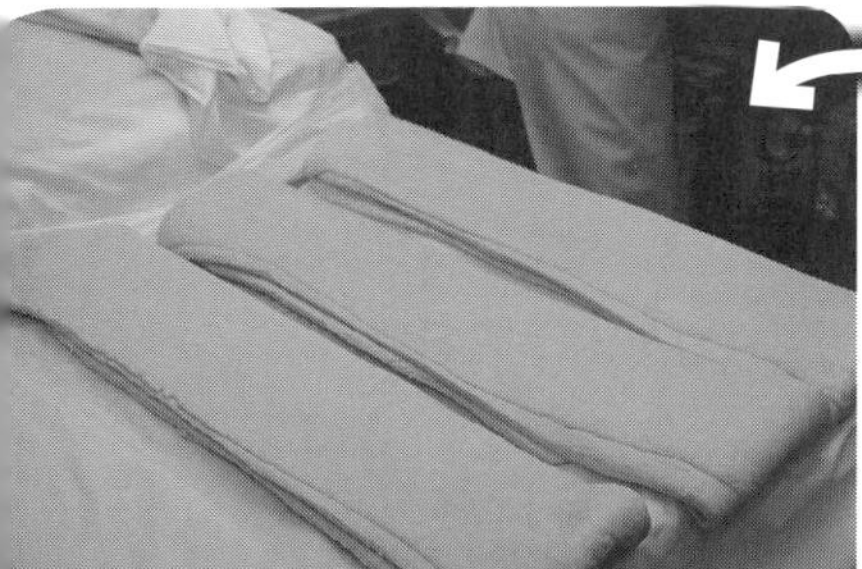

伸ばした生地を何度も折りたたみ、層を作る。さらに伸ばす作業を繰り返す

パイ生地の様に何度も何度も伸ばします。この伸ばす工程でグルテンをまんべんなく結合させます。

③伸ばしたらしばしお休みさせます。

パンでいうベンチタイム。伸ばしてすぐのものと、お休みさせた生地を触らせてもらいましたが全然違います。しっとりと落ち着きます。

ここまでは小麦粉と、塩と、水を捏ねただけなのでうどんと変わらないそうです。

④ここからいよいよあの作業に入りますよー。

最終的に3㎜程度にしたものを羅宇（金属棒）に巻きつける。

巻き上がったものをギザギザの金型に置いていく

そう「巻き」の工程です！　この作業、
やってみたいナンバーワン。
でも難しそうです。

ちくわぶの穴になる芯、羅宇《らう》に1本1本巻いていきます。巻くのは2回転半。巻いたままだとまだ丸いですよね？
巻いたものをギザギザの金型ではさみ、「ギュッ」として茹でるので、あのカタチになります。

⑤ものすごいおっきな、そして熱そうな機械で茹でます。

ざばーーーん！　ひとつの金型のロットが72本。それを熱湯で40分茹でますよー。

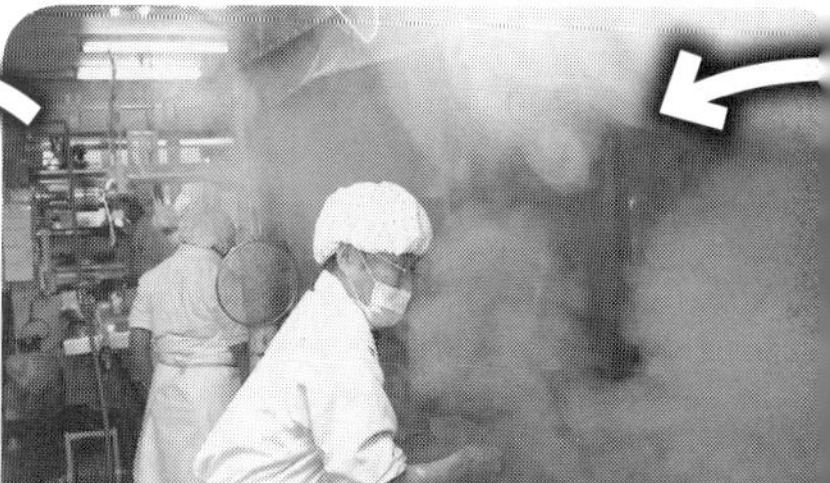

金型に収められたものを熱湯で40分ほど茹でる

茹で上がったものから羅宇を抜き取る作業。かつてはここも手作業で行っていた

⑥茹で上がったら、熱いうちに羅宇《らう》を抜きます。

ここがもう、楽しいのなんのって！ガッシャンガッシャンいいながら、ちくわぶが飛び出してきます！　ちくわぶ好きには夢のような光景。

そして、この出来立てのちくわぶを食べさせてもらったのですけど、もうね、ほんとね、幸せってこういう事ね。

小麦粉の香りがふわりと立ち、食感はもっちり。

ほんのり甘くて、あったかい。まるでベーグルのようです。でも私はちくわぶのほうが100倍好きです!!

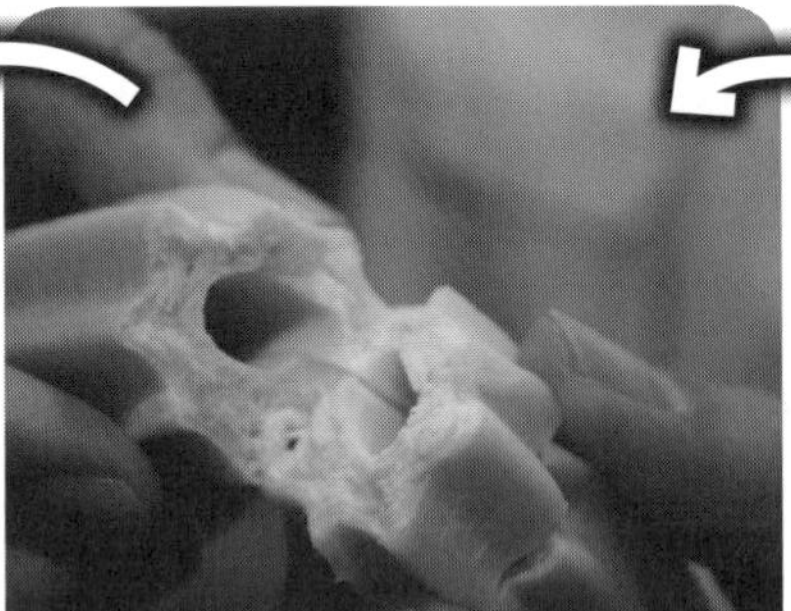

できたて熱々は、まるでベーグル。
このまま食べても美味しい！

できたよー！　と、できたてのちくわぶを手にする著者丸山晶代

⑦このちくわぶを一晩水に浸し、水を浸み込ませ熟成させます。

この熟成も、季節や温度によって水の温度や時間を調整するそうです。

いやはや、本当に手作りで手間ひまかけて、愛がこもってます！

⑧熟成させたものをパッケージに入れます。

ここで真空にします。パッケージに入れる前の検品は基本的に「手作業」で行います。異物が入ってないかどうかをチェックするのは機械ですが、他の工程の

できたてのちくわぶを水に入れて一旦冷やし、熟成させる

出荷までに冷水につけて、1晩ほど水を吸わせておく

ほとんどは人の目や手で検品しています。

⑨最後に湯煎《ゆせん》します。

パッケージして終わり！　ではなく最後に87～88度で30分茹でて熱殺菌します。これで全工程。やっとやっと出来上がり。

できたよ‼

おそらく皆さんが想像していたものとは違うと思います。

私も小麦粉練ったものを型に流し込んで蒸してるのだと思ってました。

ただ、すべてのちくわぶがこうして作られているワケではありません。川口屋では、機械は使っていますが本当に手作業に近い作り方でこだわりを貫いています。だか

目視による検品。異物がないか、大きさや形に問題がないかを厳重にチェック！

パッケージフィルムをかぶせ、真空機械にかけて空気を抜く

ら川口屋のちくわぶは本当に食感が違います！

ちくわぶ嫌いな人の「粉っぽい」「おでんに入れると溶ける」「汁がにごる」これはありません。

なんかね、「きちんと作られてる」んですよ。職人魂みたいなものを感じます。私は昔からちくわぶが大好きですが川口屋のちくわぶに出会ってから「この手間ひまかかったちくわぶを美味しく食べる方法」を考える様になりました。

そしてちくわぶの美味しさを沢山の方に伝えたい！　ちくわぶの伝道師としてもっともっと頑張らなきゃ。

最後に熱湯消毒を行い、あとは出荷をするだけ！

全国ちくわぶメーカーに突撃取材！

高級小麦粉スーパーカメリヤ粉100%のこだわり

タカトー（茨城県）

茨城県水戸市に本社と工場を持つ株式会社タカトー（以下タカトー）。水戸といえば納豆が有名で、東京下町生まれのちくわぶとはややイメージが異なりますが、なんと国内におけるちくわぶ生産量トップの最大手メーカーとして知られています。

かつては個人商店でしたが、現在は日本酒メーカーの月桂冠傘下として、ちくわぶを中心に様々な食品の製造を行っています。

今回お話を聞いた林能之《のりゆき》さんは、なんとちくわぶにとってアウェイともいえる西日本出身で、そのあたりも興味のあるところです。

●

私は、広島出身で育ちは兵庫なんです。実はこちらに来るまではちくわぶを食べたこともなければ、存在すらろくに知らなか

ったんですよ(笑)。魚のすり身が入ってい
ると思っていたぐらいです。
私が水戸に移り、6年が経ちますが、今
では普通に食べますよ。うちの子供達も好
きですし。
もともとは東京出身の創業者が、個人商
店で作っていました。創業者の実家は、や
はりこんにゃく屋さんだったそうですが、
タカトーとしては最初からちくわぶを作っ
ていたと聞いてます。「良い粉と良い水が
あれば、必ず美味しいちくわぶができる」
という信念の元に作りはじめ現在に至って

茨城県水戸市に本社・工場をかまえる
最大手のタカトー

おります。
創業は１９７６年（昭和51）。最初はほぼ手作りで一本一本作っていました。現在のような真空包装もしない状態で出荷していたと聞いております。その後機械を導入し、製造ラインを整え真空包装もするようになりました。

こだわりとしては、穴を残した真空包装と創業当時から日清製粉のスーパーカメリヤ粉を使っている点でしょうか。できあがった際の香り、味、もっちりとした食感、形状いずれももっとも適しているように思います。一見味がしないようにも思えるちくわぶですが、ただ茹でただけの状態で食

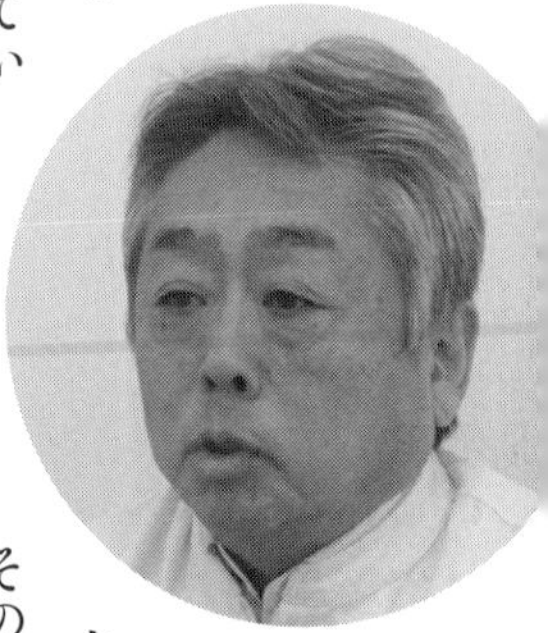
林能之さん

べ比べてみるとその違いに驚くはずですよ。
さて関西でのちくわぶですが、本社である月桂冠にサンプルをそのまま送ってもあまり評判がよくないこともあります（苦笑）。しかし、本社の同僚がこちらに来た際、しっかり調理したものを食べるとみな「美味しい」と言いますね（笑）。自社ブランド以外にもＯＥＭ（相手先ブランド名製造）を請け負っておりますが、カネテツデリカフーズさんでちくわぶのプレゼンとして丸山さんの

羅宇《らう》に巻きつけられた生地

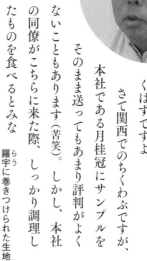

レシピから「ちくわぶの肉巻き」をお出ししたら、とても評判がよくて。あときな粉をかけるのは評判いいですね。

　国内における出荷量においては、大きく増えることも減ることもありませんが、徐々に西日本に拡大していることは事実です。最近では京都のスーパーなどにも普通においてありますし、かつては秋冬しか置いてなかったスーパーさんのなかには年中置きたいというところもでてきはじめています。徐々にちくわぶの魅力が広がるとよいと思っております。（談）

ちくわぶインプレッション

丸山晶代

スーパーで1番目にするのがタカトーさんのちくわぶだと思います。おそらく30〜40％以上のシェア！

　タカトーさんのちくわぶの最大の特徴は「塩が入っていないこと」。そして「スーパーカメリヤ粉使用！」

　パンやお菓子を作る方ならご存じだと思いますが、スーパーカメリヤ粉はトップブランドの強力粉です。

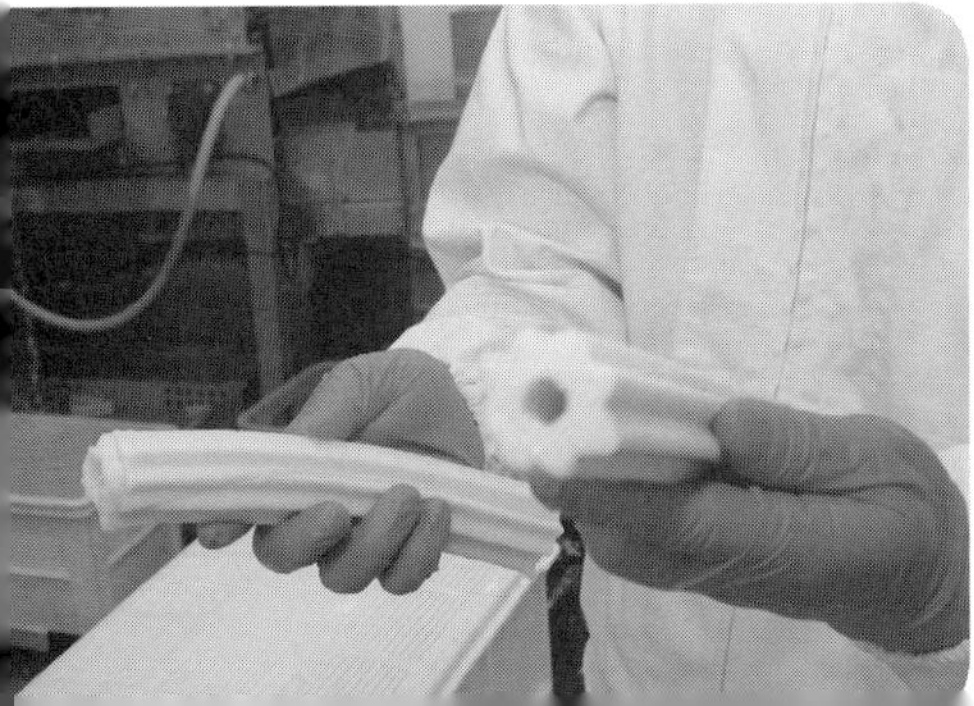

できたてホヤホヤのちくわぶ

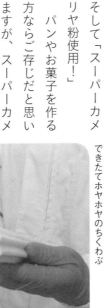

現在販売されているのは2種類で「もっちりちくわぶ」はスーパーカメリヤ粉100%というこだわりです。
これは私が出演した「マツコの知らない世界」(TBS系列)で最初に食べ比べていただき、マツコ・デラックスさんが「空気感があってふわっとしている」ともちもち度に驚いていたちくわぶです。

茹であがったちくわぶ。羅宇を抜いて完成

タカトー

DATA

所　在　地▶ 茨城県水戸市小林町1199-28
創　　　業▶ **1976**年

ちくわぶの特徴

特徴	高級小麦粉を使っているので小麦粉の甘みを感じる。ふんわりしたもっちり感。焼くと香ばしく、甘い香りも楽しめるのでおすすめ！		
形状	バランスのよいギザギザ。これぞちくわぶ。		
色	白色	重量(g)	190
角の数	8	使用小麦粉	スーパーカメリヤ
穴の直径(mm)	10	塩分	

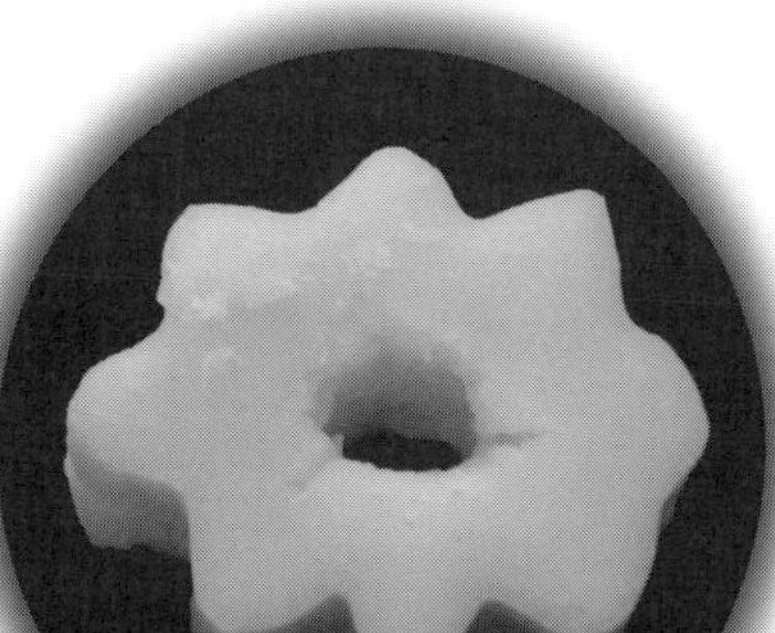

パッケージコピー

煮くずれしにくく
味しみよく仕上げ
ました　タカトー
のちくわぶ

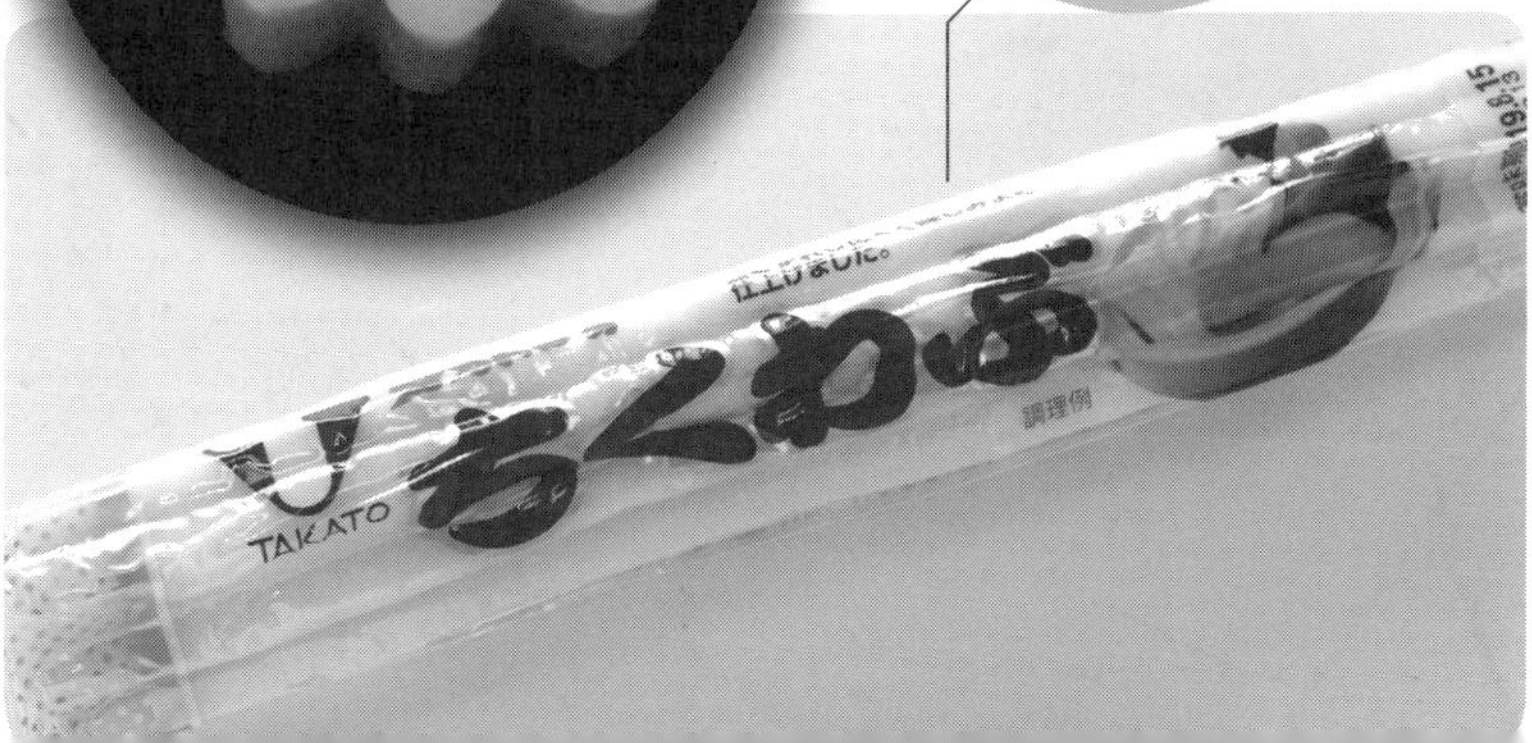

手作りにこだわり1932年開業の〝聖地〟

川口屋（東京都）

私が『ちくわぶ料理研究家』としてスタートできたのは、ここ北区志茂にあるちくわぶ製造の老舗川口屋の存在が非常に大きいと言えます。これまで数多く開催してきたちくわぶナイトはじめイベントやセミナーではすべてここ川口屋のちくわぶが使われています。

創業は1932（昭和7）年。大手メーカーがオートメーション化を進める中、ここでは半分以上の工程を手作業で行うという、昔ながらのこだわりの製法を守っています。

現在社長の稲垣孝利さんは、少々体調を崩され療養中につき、ご子息である充人さんにお話を聞いてみました。

うちも最初はこんにゃく屋だったんですよ。他のメーカーさん同様、こんにゃく、しらたき、ところてん、ちくわぶ、と季節ごとに作り分けています。

うちでは現在4種のちくわぶを製造していますが、1つはいわゆる一般流通するスタンダードタイプ。2つめは、北海道産の小麦を100%使ったタイプ、そしてこれは一般売りしてませんが、煮込んでも煮崩れにくい強いコシを持った、おでん屋タイプ(飲食店にのみ販売)。それぞれ使用する小麦を変えています。また、プレミアム感をふんだんに盛り込んだ「東京ちくわぶ」もあります。

稲垣充人さん

手作業にこだわる理由

うちの製造ラインは、他のメーカーさんご覧になっていたら、すごく古い感じがするでしょ(笑)。もちろんすべて手作業ってわけには行きませんが、なるべく昔ながらの製法にこだわってます。というのは、ちくわぶという食材の持つ郷愁感だとか、素朴なぬくもりを今も変わらないカタチで表現したいからなんです。

たとえばグルテンを添加せずに熟練の職人による「練り」と「巻き付け」と「伸ばし」の技術のみでコシを作り出している点ですかね。塩を入れないメーカーさんもありますが、うちでは入れてます。そのほうがばりっとした角が立つちくわぶになるんですよ。配分は日々の気温や湿度なんかを加味しながら変えてます。そのあたりは、やはり長年の勘みたいなものが問われるんじゃないでしょうか。もちろん無駄も、ムラも多いのですが、昔ながらの製法にこだわり続けているのはそのあたりなんです。ですからね、うちはあんまり量産できないんです（苦笑）。

あとは、目下の悩みは、機械なんです。現在使っている機械を作っているメーカーに部品がもうない状態なんです。まぁそう簡単に壊れるものではないのですが、壊れたらどうしようかと、ちょっと考えてしまいますね。

今後の展開

そうですね、「食《しょく》」って、子供の頃に何を食べてきたかが、とても重要だと思います。学校給食にも時々おろしていますが、もっとそういった機会が増えると文化が続いていくと思います。あとは、現在熊本や尾道のおでん屋さんからも注文が来ます。最初一度だけかと思っていたのですが、継続して注文いただく

羅宇《らう》に巻かれた生地（右）が左の金型によってギザギザ形状へと変身

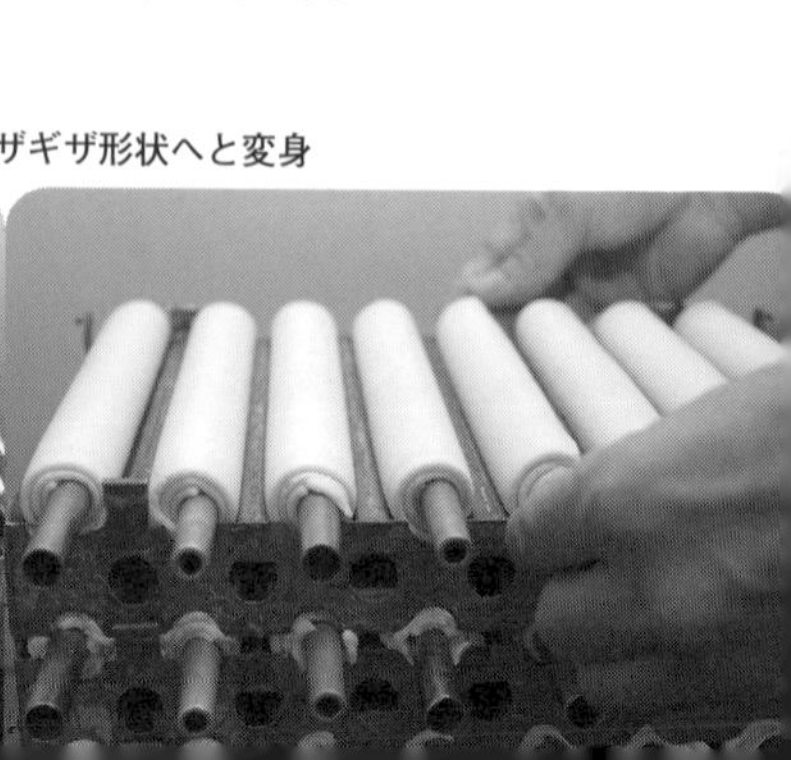

ようになりました。そんなふうに全国にちくわぶが広がっていくといいですね。㊦

阿部善商店と川口屋が開発した、東京ちくわぶ

2018年には、宮城県塩釜の阿部善《あべぜん》商店との共同開発で「赤羽川口屋謹製　東京ちくわぶ」が発売されました。その開発秘話(?)を阿部善商店の担当の山岸進さんに聞いてみました。

これまでのちくわぶからは考えられない素材を使ったものができないかと、弊社の開発セクションと話をしまして、ただし弊社は宮城県ということで、やはりちくわぶといえば、東京だろうということで、川口屋さんの看板をお借りし、共同で開発したのがこの「東京ちくわぶ」なんです。パッケージもこれまでにない雰囲気にしました。

稲垣孝利さん

国産小麦を使い、塩も石垣島の天然塩を使うなど、かなりプレミアム感のあるものとして仕上げています。国産小麦を使用することで、独特のもっちり感を出し、なおかつ小麦の香りも豊かです。煮物やおでんはもとより、いろんなレシピに応用できます。丸山さんのレシピもパッケージ裏のQRコードで見ることができるようになっていますので、ぜひお試しください。

現在は、都内の高級スーパ

ーなどで販売しておりますが、今後は駅などのおみやげ店でも展開予定です。

丸山晶代　ちくわぶインプレッション

私がちくわぶ料理研究家として工場見学をしたのは川口屋が最初で取材も含めて3回も全行程を見学しています。今ではすべて説明できるほどになりました。

川口屋のちくわぶ作りは、機械は使っているものの、ほぼ手作り。最初に全行程を見学した時は、こんなに手間と技術と、時間がかかっているのかと本当に驚きました。想像では小麦粉を練って、にゅーっと絞り出して茹でて終わり！くらいなものだと思っていました（ごめんなさい）。

そして私が一番感動したのは、出来立てのちくわぶの美味しさです。茹でて、羅宇から抜いた瞬間のちくわぶは、小麦粉の甘さを感じますしふわふわもっちり！なんの味付けもいりません。パン屋さんみたいに「ちくわぶ茹で上がり時間」を表示して、茹でたてを売った方がいい！と提案したほどです。

現在は4種類のちくわぶを製造していて、それにも驚きました。私ですら（笑）「ちくわぶなんてみんな一緒」と思っていたので、食べ比べてその違いに驚きました。

川口屋

DATA	
所在地	東京都北区志茂2-57-1
創業	1932年

ちくわぶの特徴

特徴	食べ応えのあるどっしりしたもっちり感。じっくり煮込むのはもちろん焼くとベーグルの様になるのおすすめ！		
形状	バランスのよいギザギザ。これぞちくわぶ。		
色	乳白色	重量(g)	175
角の数	8	使用小麦粉	東京ちくわぶは、国産小麦を使用。
穴の直径(mm)	10	塩分	石垣島天然塩

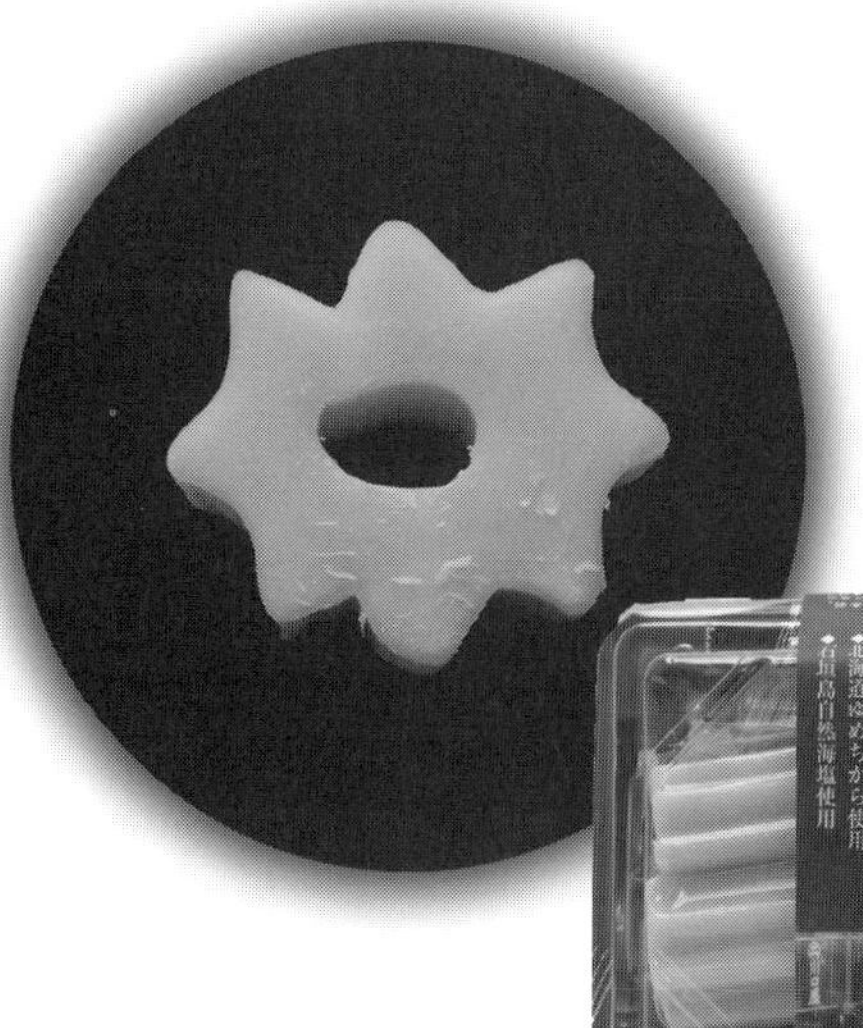

パッケージコピー

創業八十年　赤羽川口屋謹製　おでん・煮物に　東京ちくわぶ　北海道ゆめちから使用　石垣島自然海塩使用

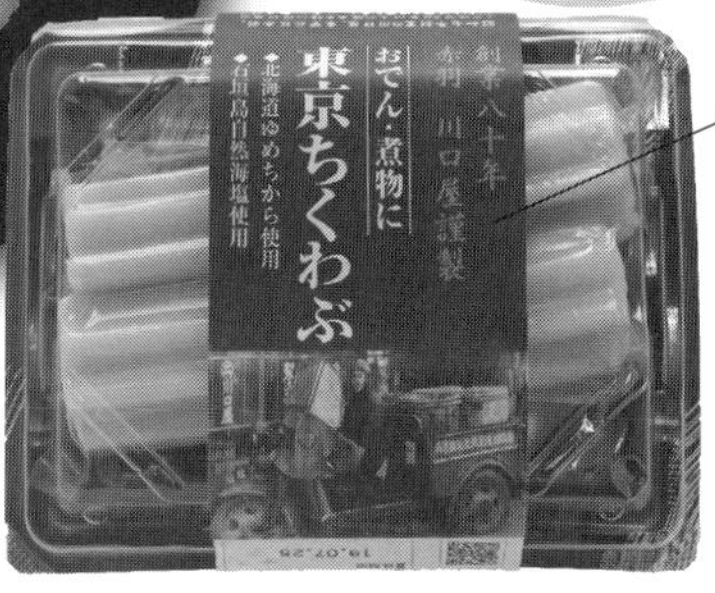

創業から95年 業界に先がけオートメーション化

鈴木商店（東京都）

創業は1924（大正13）年。東京・阿佐ヶ谷の地にこんにゃく店として始まった鈴木商店は、現在も杉並区の静かな住宅地に本社工場を構えている。かつて東京に300以上もあったこんにゃく製造所は、現在では1割程度まで減ったそうです。その中でもいまもこんにゃく作りに励み、さらに都内のちくわぶ3大メーカーとして知られるのが鈴木商店。

最初は手作業で始まったちくわぶ作りは、現在オートメーション化され、繁忙期には1日40000本の生産量を誇っています。多くのメディア出演もあり、加えてちくわぶ発祥の秘密の文献を所有されている？という噂を聞きつけ、東京の老舗としてのこだわりやちくわぶの歴史を聞くために、鈴木孝一さんにうかがいました。

●

ちくわぶの由来について、こんにゃく屋業界の歴史を綴った本の中に記述がありま す。これは30年以上前に書かれたものですが、その中にはお麩が転じたものがその始まりとあります。お麩を作る際に、小麦粉と水をしっかり捏ねたあと下に沈殿するのが麩の原料、いわば「生麩」ですね。で、上澄みがくず餅の原料になります。これは葛ではなく、デンプンのほうのくず餅です。

しかしお麩作りはコストがけっこうかかる。そこでこんにゃく屋が、安いお麩を作るということでできたのが、ちくわぶという話です。あとはそれをすだれに巻いて作

創業当時の鈴木商店

った「つと麩」なんかもその発祥ではないかと思います。要するに安いお麩ってことですね(笑)。

ではなぜ東京から出なかったのかは、やはり輸送手段や冷蔵技術がなかったので、すぐに傷んでしまうということ。存在そのものが地産地消的食材だったからだと思います。

ところで、現在ちくわぶというと冬の食べ物のように思われていますが、実は夏に売れたのですよ。昭和の時代の街にあった区営プール。子どもたちが遊んだあとお腹が減る、とすると、それを待ち構えてプールの前におでん屋さんの屋台がいたものです。つまり夏の商品だったんですね。では、

その屋台の人は冬になると何を売るのか？　今度は焼き芋を売っていたのです。

弊社のちくわぶの製法については、昔とは違ってきていますね。昔は強力粉に生麩、つまりグルテンを足してましたが現在は入れてません。また塩も入れてませんが、昔の手作業の頃は塩をまぶしてたこともあります。そのほうがタンパク質が硬化し、バリッと角が立つのです。ですから、今のものに比べてかなり硬かったです。しかし最近は食事情の変化から柔らかい方が好まれます。また調理時間短縮ということもあるかとは思います。

鈴木孝一さん

弊社も昔は半分以上手作業で作っていました。オートメーション化を導入したのは1981（昭和56）年ごろです。巻取りの工程の前まではうどんの機械と同じものを使い、巻取りは焼き竹輪の機械を応用。それを蒸すという工程ですが、同業の瀬間商店さん（後述）との共同開発で作ったものです。

最初は試行錯誤で、ちゃんと稼働するまでは2年くらいかかったと記憶してます。

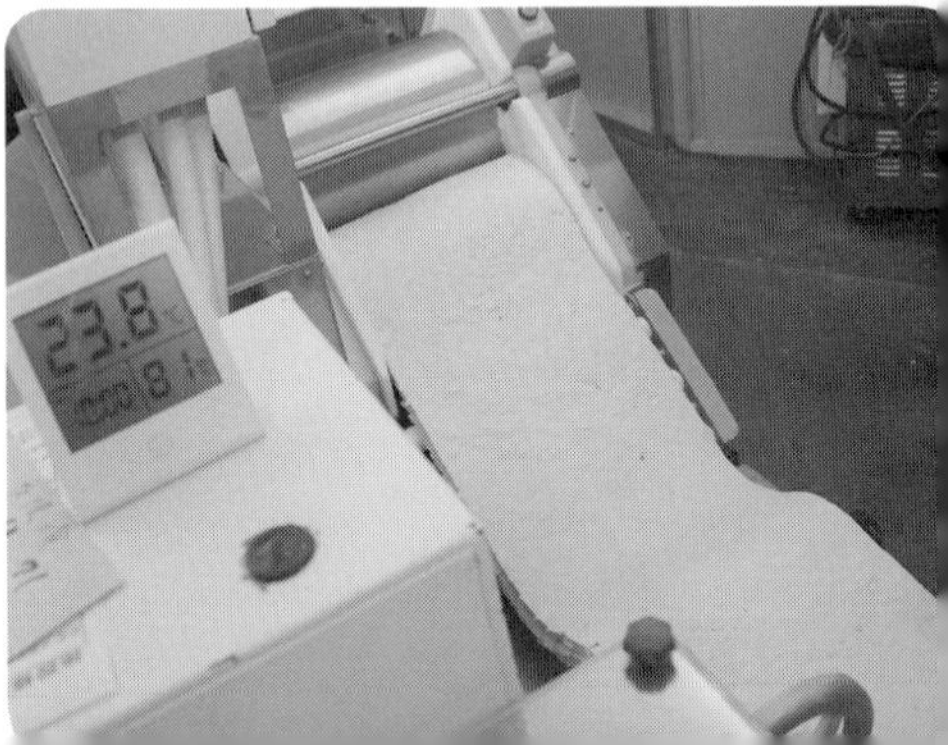

薄く伸ばした生地が
ちくわぶのもと

製造工程におけるこだわりは、なるべく人間の手を介在させないことですね。もちろんチェック段階では人間が行いますが、それだけに頼っているとどうしても職人的要素が多く要求されるようになるので、安定した生産にならないんです。

またどうしてもヒューマンエラーも発生するので。あとは自分が35歳のころですが、ロールの工程においてミキサーから取り出す出すのが本当に大変で。繁忙期は6キロくらい痩せちゃうんです。これは歳取ったらできないなと(笑)。

次に原材料である小麦粉においてですが、うちは日清製粉のカメリヤとニップン(日本製粉)のイーグルを使っています。国産の小麦粉は軟質性でもっちり感は出ますが、その反面煮込んだ時に崩れやすい。北海道の小麦粉でも作ったことありますが、コスト的に高いのと安定供給が難しいというのがあり、さらにグルテンの量も少なく、うどんには向いてますが、ちくわぶには向い

鈴木商店ではニップンのイーグルと、
写真の日清製粉のカメリヤを使用

ていないと判断したためです。コストが高くなれば、当然売値にも影響しますからね。ちくわぶはそもそもB級グルメですから安さもその大きな魅力でもあると考えていますので。（談）

丸山晶代　ちくわぶインプレッション

現存するちくわぶメーカーとしては最古参。工場の外にはテレビ出演された際のタレントさんのサイン色紙がずらり。

製造工程で特徴的だったのが、最初の「練り」部分です。

小麦粉と水でそぼろ状にしたものを伸ばして時間をかけて薄くします。その間にグルテンが生成されるのです。そして異物混入がないように、生地の裏側まで見れるような箇所がありセンサー以外にも人の目で厳しく監視されています。羅宇に巻かれたちくわぶが、ベルトコンベアーで上部に運ばれるのですが、まるでジェットコースターに乗っているみたいなワクワク感！ちくわぶ製造工場は私にとってはディズニーランドより楽しいのです。

昔のちくわぶの味を守り続けつつ、製造工場は超ハイテクでした。「ちくわぶは今のちくわぶのままでいい」というスタンスはまさに「老舗」。純国産の天草を100%使ったところてんとあんみつも昔ながらの素朴さで美味しいです。

鈴木商店

DATA

所在地▶東京都練馬区下石神井2-19-12
創業▶**1924**年

ちくわぶの特徴

特徴	柔らかく、子供でも食べやすいもっちり感。茹でてあんこやきな粉と食べるのがオススメ！		
形状	バランスのよいギザギザ。これぞちくわぶ。		
色	乳白色	重量(g)	180
角の数	8	使用小麦粉	カメリヤ／イーグル
穴の直径(mm)	12	塩分	無し

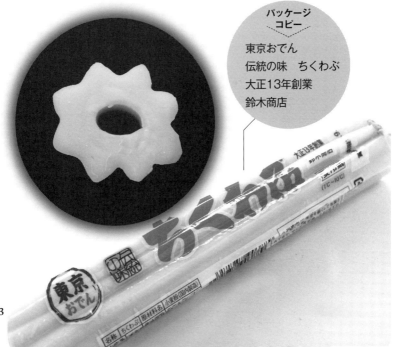

パッケージコピー

東京おでん
伝統の味　ちくわぶ
大正13年創業
鈴木商店

戦中戦後を生きた、こんにゃくとちくわぶをめぐる壮大なドラマ

瀬間商店（東京都）

北区の川口屋、杉並区の鈴木商店とならぶ都内3大ちくわぶメーカー、それが世田谷に本社と工場を持つ瀬間商店です。創業者である瀬間克己会長が、なぜこんにゃく屋さんになったのか、なぜちくわぶを作るようになったのか？　それは戦争の動乱期まで話が遡ります。

ここでは、まさに東京のこんにゃく業界の生き字引であり証人とも言える瀬間会長が、その波乱に満ちた人生を語ってくださいました。

私は1933（昭和8）年、大田区で当時ちくわぶとはなんの縁もゆかりもない、今でいう東京ガスの会社員の子として生まれました。世の中の風潮はまさに戦争一色。小学校3年生の頃には米英を相手に開戦してしまいました。戦況が厳しくなると、アメリカによる空襲も増え、頻繁に防空壕に逃げ込んだものです。

1945年3月10日東京大空襲はすごかったです。家々が燃える炎でまるで昼間のように明るくなったものです。その翌月4月15日、盲腸になった私を父が蒲田の病院

に連れて行った晩に、蒲田に空襲があり、家にいた母と兄弟は亡くなってしまいました。その後、父の親類が五反田で金井商店というこんにゃく屋さんをやっており、そこに丁稚のようにして入ったのが始まりなのです。

　そこで修行をしたのち、親方から独立を許され借金をし阿佐ヶ谷（杉並区）に土地を購入、そこから瀬間商店が始まったのです。ちなみに金井商店には男児はおらず、女の子ばかりでした。そのうちの1人が、実は妻なんですよ（笑）。

　こんにゃく屋としてスタートした瀬間商店がちくわぶを作り始めたのは1954（昭和29）年ごろ。当時は機械などなかったので、すべて手作業です。しかも配達も自分でやらなくてはならない。お腹がすくと、ちくわぶをかじりながら走ったも

瀬間克己さん

いちはやくオートメーション化した瀬間商店

んです。
あとはね、銭湯にいくお金もなかったもんだから、こんにゃくを捏ねる桶にお湯を張って、そこで身体を洗うなんてことも。今じゃ考えられませんが（笑）。

1974（昭和49）年に紀文食品と契約を交わします。その際に真空包装できないかと相談され実現させせました。それまではこんにゃくの袋に入れていたのです。ですからちくわぶの真空包装はうちが発祥。その後1981年にライン化を導入。これは鈴木商店さんと共同で開発したものです。当時の機械で毎分120本ほどの生産が可能でした。

うちのちくわぶは他社さんのものに比べて、やや色が黒っぽいとお感じになると思います。これはグルテンの多い小麦粉を使っている

完成したちくわぶは一日水につけてから出荷される

ためで、またグルテンを添加していますし、塩も少々入っています。そうすることで煮込んでも煮くずれしにくい、しっかりしたちくわぶになります。

小麦粉は国産のものですとやはりグルテンが弱く、かつコストがかかるので、海外のものを使用しています。ガシッとしっかりした食感がお好きなかたは、瀬間商店のものが向いているかもしれませんね。

真空状態が他社さんのものに比べ強く、お店に置かれているものはぺったんこになっていますが、これはやはり保存性を考えてのことです。穴が潰れることになりますが、茹でるとしっかり復活しますのでご安心を(笑)。

（談）

瀬間研士さん

丸山晶代　ちくわぶインプレッション

まず会長のお人柄が一番印象に残っています。昔の話でも日付までしっかり記憶されていて驚きました。会長、実はちくわぶ業界の先駆者なのです！　そして、ご子息の研士さんが、社長として先代に負けぬ様々な挑戦を続けています。

昔は手作りで作られていたちくわぶがオートメーション化できたのは会長が来る日も来る日も、夢の中でも製造工程や、うまくいく様に工夫を考え、機械メーカーに手書きして伝え、何度もやり直して、手作りの味を量産化可能にしました。

品質の均一化をはかるとともに、熟成効果を高め、毎分120本製造可能なちくわぶマシーンが誕生したのです。

真空包装を可能にしたのも瀬間商店さんで、これでいまでは全国のスーパーで流通できるようになりました。これは本当に大きな功績です。

瀬間商店のちくわぶは真空が強いので、ぺったんこになっていてあの可愛い形ではないので正直言って以前はあまり使いませんでした。でもお水と一緒にレンチンすれば大丈夫と言うことを発見。

しっかりしたちくわぶなので私は「ガッツリ系」と呼んでいます。

パッケージには「東京名物」の文字と、ちくわぶの起源として「明治末期に京都の精進料理にヒントを得て東京のこんにゃく屋さんが副業として造ったのが始まりです」と記載があります。以前、私は「白竹輪説」を推していたので、これには「？」だったのですが東京都蒟蒻協同組合発行の「七十周年史」（非売品）に生麩の庶民版として登場したと記載がありました（113ページ参照）。とするとやはりちくわぶは精進料理＝ベジタリアン料理に最適なのかもしれませんね。

大坪清吉『生麩類の起源』に記述がある

瀬間商店

DATA

所　在　地▶東京都世田谷区給田3-16
創　　　業▶**1954**年

ちくわぶの特徴

特徴	少し歯ごたえのあるもっちり感でガッツリ系。唐揚げや揚げ物にオススメ！		
形状	真空が強いので、最初はやや扁平の形状。ただし煮ることで復活。		
色	やや灰色	重量(g)	170
角の数	8	使用小麦粉	—
穴の直径(㎜)	10	塩分	有り

パッケージコピー

東京名物　ちくわぶ　ちくわぶの起源　明治末期に精進料理にヒントを得て東京のこんにゃく屋さんが造ったのが始まりです。

横須賀発！素材と製法にこだわる若手社長の秘策

いわて屋（神奈川県）

東京下町発祥とされるちくわぶですが、神奈川県横須賀にもメーカーがあります。それが「いわて屋」。

1928（昭和3）年創業。はじめは神奈川県横須賀不入斗《いりやまず》の町の小さなこんにゃく屋でしたが、やはり季節ごとにちくわぶを作り分けたのがその始まり。1959（昭和34）年に現在の神奈川県横須賀市公郷町に引越しした際にはすでにちくわぶを作っていたとのこと。

いわて屋のちくわぶは、まず形がきれい！

今回お話を聞いた社長である上野翔一さん。実は創業者の家系ではなく、もともと神奈川県藤沢市にある冷凍春巻きを作るメーカーが株を買い取って就任されたホープとも言える方。家業として継がれるケースが多い中、特異な例といえますが、だからこそできることも多いはず。そのあふれるチャレンジ精神をうかがいました。

●

佐藤さんという創業者がおられて、もともとこんにゃく屋さんでしたが、後継者がいなかったことから、私が事業承継ということで来たのが2年ほど前です。就任するまでは、ちくわぶの知識はほとんどありませんでしたので、いろいろ調べて行く中で、丸山晶代さんの名前が必ず出るので「へー、こんな方がいらっしゃるのか」と思ってました(笑)。

どうして弊社でちくわぶを作り始めたのか、ということについては、やはりこんにゃく製造を行っていたこと。そしてこんにゃく製造の機械を作っている会社がちくわぶの機械も作っていて営業さんが勧めたので、当時こんにゃく屋さんの間に広まったそうです。しかし現在この地域で作っているのは、おそらく弊社だけではないかと思います。

上野翔一さん

私自身は横浜の生まれで小さい頃から母がちくわぶを好んで調理していたのですが、煮物やおでんで食べるのがほとんどで、唐揚げなんかはもちろんありませんでした。そこで丸山さんのレシピを知って唐揚げを作ってみましたが、あれは本当に美味しいですね。ビールにもよくあいます。あとは薄く切ってミートソースにからめて食べてみましたが、それも美味しかったです。

弊社では数種類のちくわぶを製造しており、国産小麦を使ったものが多いのが最大の特徴でしょうか。

正直国産小麦はコスト的にやや割高なのですが、国産を望む消費者のニーズということもありますし、お陰様で好評をいただいております。特徴として、小麦粉のガッシリ感というより、もちもち感を大事に。ふわふわとした優しい食感。そして味が染み込みやすいという点です。

味の染み込みついては食紅を使った実験などもしており、他社製品より染みがよいという点も自信を持っています。味が染み込みやすい＝料理の時間短縮にも繋がりますから。そのために弊社では商品によって北海道産小麦を100％使用したちくわぶ、1等級以上のグレードの小麦粉を使用したちくわぶ、厳選した小麦粉を独自の配合でブレンドして使用したちくわぶというように小麦粉の配合を変えています。単に品質だけでなく、配合もコントロールして理想の味と食感を追求しています。

また、試作段階ですが、別の原材料を使ったちくわぶの開発などにも着手しています。

パッケージにもこだわってます。4等分にしたのを3つパックしたものを昨年から販売していますが、これは一人暮らしの方が増える中で、予めカットすることで調理時間を短くし、なおかつ必要な分だけ使えるようにと配慮したものです。

あとは、食品メーカーとしては当たり前のことですが、徹底した衛生管理です。これは直接お客様から見える部分ではありませんが、口に入るものを作る立場としては当然のこと。その一環としてＩＳＯ認証も取得をしました。

ちくわぶの今後ですが、関東で昔から食

べられてきた文化が消えて欲しくない。食は多様化し、おでんを食べることが少なくなっています。その中で、ちくわぶはこれから50年も100年も欠かせない存在であり続けてほしいですね。

私自身も小さい頃から食べてきましたし、いわて屋のちくわぶは自分でも美味しいと思っています。この気持を共有していただける人が、世界中とは言わないまでも、日本全国にひろまってくれればよいなと思います。ただ、ラーメン屋のように、直接いろんなちくわぶの料理を食べられるお店がありませんので、丸山さんが東京・渋谷あたりに専門店を出されてはいかがでしょうか？（笑）

（談）

徹底した衛生管理のもと製造される

丸山晶代　ちくわぶインプレッション

いわて屋のちくわぶは小麦粉のがっしり感よりモチモチ感、ふわふわ感が特徴で味が染み込みやすくなるように、特殊な製造をしています。

企業秘密なので公表はできませんが、他社にはない製造工程が2カ所もありました。

私もちくわぶ料理研究家になる前は「ちくわぶはどれも同じ」と思っていたのですが、材料、製造方法、特徴、本当にそれぞれです。

いわて屋では10年以上前から生協の依頼を受けて国産小麦で製造をしていて、現在は数種類のちくわぶになったそうです。

野菜を切るのも面倒という方が多く、カット野菜が人気と聞いたことはありますが、ちくわぶさえカットして、パッケージされているとは驚きです！

材料に塩やグルテンは添加しておらず、小麦粉と水のみ。

いわて屋の上野社長は新しいことを取り入れるのにとても意欲的で、ただいま水面下で私と極秘プロジェクトを進めております！　斬新で今までにないちくわぶが登場するかも?! お楽しみに♪

いわて屋

DATA

所　在　地▶ 神奈川県横須賀市公郷町2-16-1
創　　　業▶ **1928**年

ちくわぶの特徴

特徴	クセのない、少し柔らかめのもっちり感。鍋物やすき焼きにオススメ！		
形状	穴の形状、ギザギザの形状も美しい。		
色	白色	重量(g)	160
角の数	8	使用小麦粉	国産小麦など
穴の直径(mm)	12	塩分	無し

パッケージコピー

北海道産小麦粉使用　もちもちとした食感　ちくわぶ

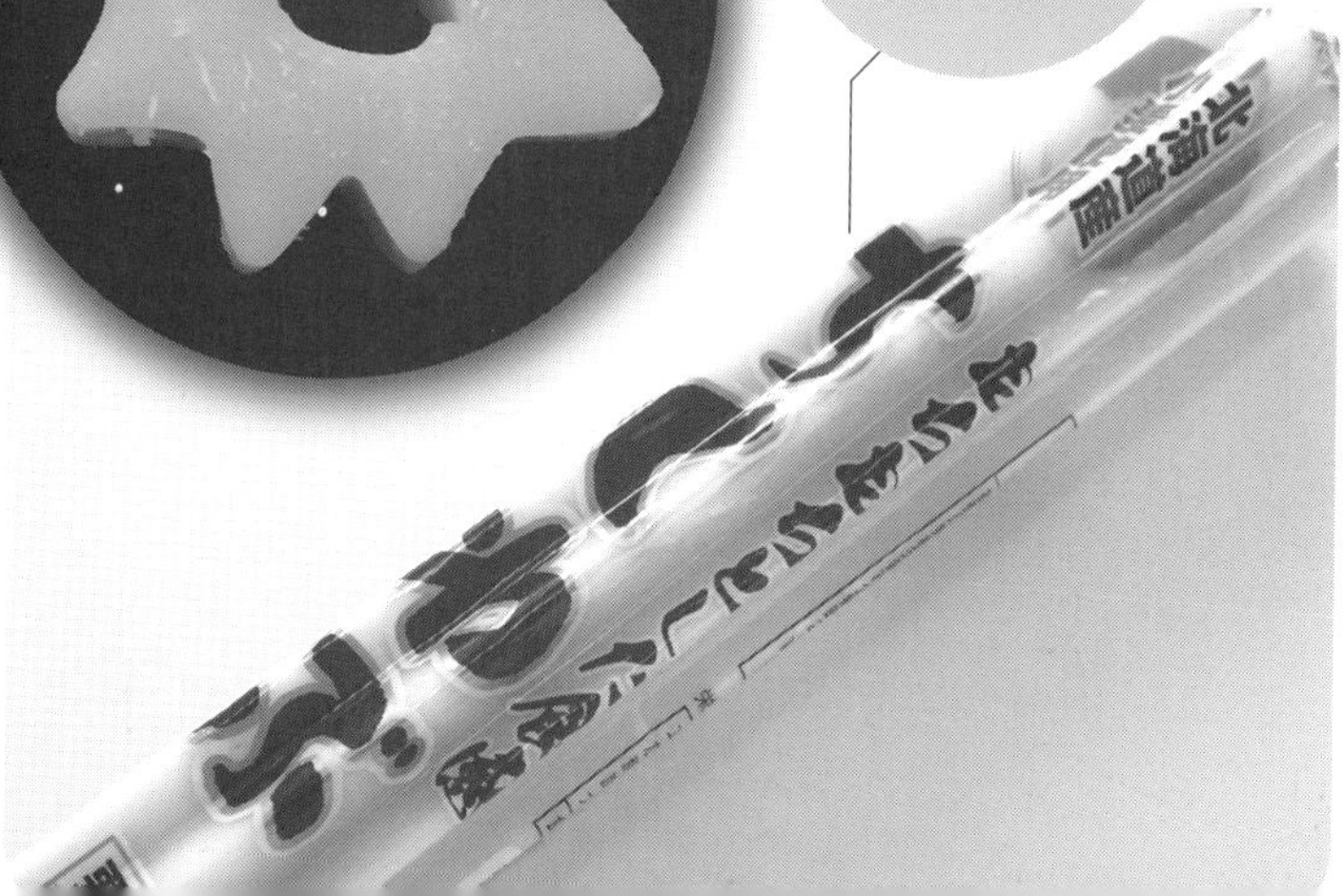

ナルトの老舗が作る新感覚ちくわぶ

カネ久商店（静岡県）

静岡県焼津《やいづ》といえば、カツオの漁港として知られており、新鮮な魚が手に入るエリアとして有名ですが、ここに本社と工場を持つ株式会社カネ久商店《きゅう》（以下「カネ久」）はちくわぶを作っています。どうして焼津でちくわぶ？　と思われるかもしれませんが、実はカネ久さんはナルトの老舗製造メーカーで、10年ほど前からちくわぶの製造も行っています。

本題に入る前にナルト製造がメインとあって、ナルトの話もしなくてはなりません。

丸みをおびたかわいらしいカネ久のちくわぶ

まず、焼津は全国ナルトのシェア7割を占めています。昔は9割ほどだったそうで、市内はナルト屋さんだらけというナルトの街にあっても、カネ久のナルトのラインナップはすごいのです！　寿ナルトはお正月用品として見たことがありますが、黒ナルト、富士山ナルト、花ナルト、お星様にハートナルトまで！　インスタ映えもばっちり！　そんな「攻めてる」ナルトメーカーであるカネ久が、都内ではどんどん数が減る一方のちくわぶ製造業に新規参入を果たしたその理由とは？　専務である鈴木綾祐《りょうすけ》さんにお話を聞いてみました。

●私どもがちくわぶを作り始めて約10年になります。ちくわぶ製造のきっかけは、関東地方を中心とした得意先にナルト巻などのおでん種を製造販売しており、お客さんからナルト巻と見た目の似ているちくわぶは作れないのか？　と問い合わせがあったことです。

弊社としてもナルト巻と製造工程が一部共有できるちくわぶを商品化できれば普段から取引のある得意先にプラスアルファで販売できるのではないかと考え製造に至りました。

一から全て投資するのではなく必要最低限の投資でできたことは小さな町工場にとって製造に至るきっかけとしてとても大きかったです。

カネ久のちくわぶの形が丸い理由ですが、

子供の喜びそうなハートや星印のついた魚肉ソーセージ

一般的なちくわぶの切り口は星形が多いと思います。製造当初、食べなじみのない私たちでしたので、「星形＝ごつごつ＝固そう」みたいなイメージがあったことも影響しています。そこでオリジナリティを出すため、いつの日か「ちくわぶは花形だよね」と言ってもらえるような感じに仕上げています。星形が男らしい力強い感じとすれば、花形は柔らかくて優しい感じですかね。

従来の星形にするとおでん種としての「ちくわぶ」のイメージが強いのであえて丸みを持たせることで、他の料理にも使いやすくなればと思い丸みを持たせております。

実際弊社のホームページでも画像を載せていますが、ポトフなどにしても違和感がなく見えると思います。東京おでんのイメージを守りつつ、こうすることでなじみのある地域以外の人にも受け入れてもらえるのではないかと思っています。

ちくわぶは味で差別化をするのは結構難しいのですが、見た目が優しい感じですから、もっちりとした食感にもこだわっています。そのために何度も小麦粉を変えて試行錯誤して現在の配合に至っています。巻き付ける際に生地を何層にも重ねることで味染みの良さにもこだわり小麦粉を厳選することで色の白さにもこだわりました。ただし使っている粉の名称については企業秘密なので、ご勘弁ください（笑）。

鈴木綾祐さん

静岡でちくわぶを作ることで、これまで知名度のなかった中部地域にもすこしずつ知られるようになってきています。実際静岡おでんのお店でもちくわぶを入れるようになったところがあるという噂は聞いております。これを機会に、もっとちくわぶが広がるといいですね。

（談）

丸山晶代　ちくわぶインプレッション

ちくわぶの製造をやめてしまうメーカーもあるなか、新規参入はかなり珍しいです。しかも、ちくわぶを（ほとんど）食べない静岡県でのことは、とてもうれしくなりました。

ナルトもちくわぶも丸みのあるフォルムで、斬新なビジュアルに驚きの連続。まさにインスタ映え！

今は、東京とその近郊への卸しがメインだそうですが、静岡県内での取り扱いも増えているそうです。

関ヶ原を越えられないと言われ続けているちくわぶですが、静岡の中でも西部に位置するカネ久商店が、関西進出のキーを握っているのかも知れません。

カネ久商店

DATA

所　在　地▶ 静岡県焼津市浜当目4-7-3

創　　　業▶ **1953**年

ちくわぶの特徴

特徴	とにかく形の可愛さナンバーワン！ 穴が大きいのでチーズやソーセージを入れる料理にオススメ。		
形状	花びらのような丸いエッジが特徴。穴が大きい。		
色	白色	**重量**(g)	165
角の数	8	**使用小麦粉**	—
穴の直径(mm)	13	**塩分**	有り

パッケージコピー

味しみがよく
もちもち食感
ちくわぶ

現存する最古の手作りちくわぶ屋さん

山栄食品（東京都）

東京都足立区千住《せんじゅ》。このあたりはまさにちくわぶ発祥の地域とも言われています。街の近代化とフランチャイズ店化が進み、個人商店がどんどん消えて行く中、千住大橋駅近くでひっそりとご夫婦だけで営まれているちくわぶ屋さんがあります。それが地元の方に愛されている山栄《やまえい》食品。

創業はなんと1873（明治6）年。現在5代目の粉川《こがわ》和久さんと奥様がちくわぶ作りに励んでおられます。戦後すぐからちくわぶの製造を開始。他のメーカー同様、こんにゃく屋さんも兼ねており、季節ごとに

作り分けています。個人商店であり、大々的な製造ラインを使っての製造ではなく、ちくわぶの機械は北区の川口屋と近いものを使用。ほぼ手作りというのが一番の特徴です。

一日に製造できる本数に限りがあるため、店頭での販売の他に近隣のおでん種屋さん、八百屋さん、豆腐屋さんへの卸しがメイン。

スーパーでは入手できませんが、北千住で有名なおでん種屋のマルイシ増英《ますえい》と千住大橋駅前の地産マルシェで購入できます。

そのマルイシ増英では、なんと水に漬けただけの昔ながらの「ハダカ」の状態で販売されています。

山栄食品のちくわぶの大きな特徴は「生ちくわぶ」。通常は茹でたちくわぶを一晩水に浸してから真空パックして、再度茹でますが、山栄食品ではそれを行っていません。水に浸すのは1〜3日。ですので真空パックなのに、「ハダカ」のちくわぶと近く、「もっちり」というより「ふんわり」柔らかい、これぞ私が昔に食べた懐かしいちくわぶの味です。

粉川和久さん

丸山晶代　ちくわぶインプレッション

ご夫婦2人だけで営まれている地元の方に愛されているお店。こんにゃく屋さんですが戦後からちくわぶも製造をはじめたそうです。

マルイシ増英では、「ハダカ」で販売されていますが、私が子供の頃は八百屋さんやお豆腐屋さんの店頭で、バケツに水を張ってその中にちくわぶが入っていました。今は真空パックが主流で本当に見かけなくなりましたが、「真空パックのちくわぶは味気ない！」という方も多いのです。

おでんでやわやわ、クタクタが好きな方には最適。逆に揚げるのや焼くのは適していません。

山栄食品

DATA

所在地▶東京都足立区千住河原町26-3
創業▶**1873**年

ちくわぶの特徴

特徴	「もっちり」というより「ふんわり」した柔らかさが懐かしい。おでんでやわやわ、クタクタが好きな方には最適。逆に揚げるのや焼くのは不向き。		
形状	生とハダカがあり、非常に柔らかい。		
色	白色	重量(g)	175
角の数	8	使用小麦粉	アメリカ・カナダ産
穴の直径(㎜)	10	塩分	有り

パッケージコピー
おでん・鍋物・煮物に生ちくわぶ

丸山晶代のちくわぶを作ってみよう！

さて、各メーカーの奮闘いかがでしたか？　各社の工夫に頭が下がる思いですし、あんなに手間と時間がかかるのに、100円台で買えるのは不思議！

そこで、愛すべきちくわぶの自作にチャレンジ！　ちくわぶ作りの苦労を追体験してみました！

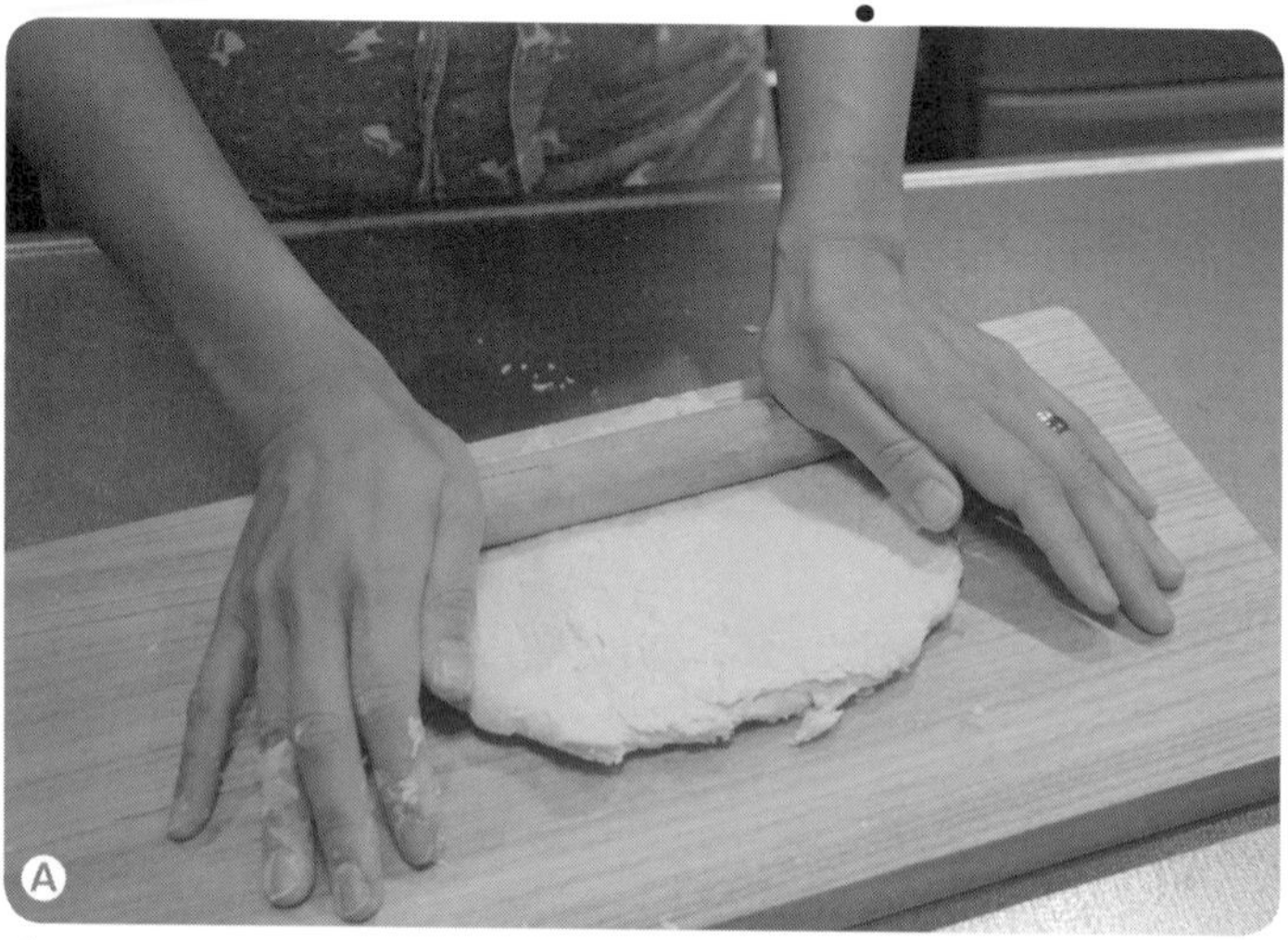

グルテンを形成するため、たたんで伸ばすを繰り返す。この作業がたいへん！

◉**材料**（ちくわぶ2本分）

強力粉200g／水100cc／塩　少々

◉**作り方**

①混ぜる

材料の全てをボウルに入れて混ぜます。ある程度まとまったら、ぎゅっぎゅっと捏ねて「伸ばす↓たたむ」をしっかり10回繰り返し、ここでグルテンを活性化させますⒶ。

②ベンチタイムと伸ばし

3時間ほど寝かせたのち、生地を半分にカットし、打ち粉をしたまな板の上で3ミリ程度の薄さにし、棒に巻きつけます

薄く伸ばした生地を竹の棒に巻き付ける

Ⓑ。1センチ径の木の棒と園芸用の竹の棒の2種類を用意しましたが、使い勝手は圧倒的に竹の勝ち！　巻き数は3回程度。

③ 簾《すだれ》で巻く

簾で巻くことで、あのギザギザな模様になります。今回細いプラスチック製のものと、太い鬼すだれ（巻き簾）で巻いてみましたⒸ。形を整えたらタコ糸で固定します。

④ 茹でる

メーカーによっては、蒸すところもありますが、ここでは茹でます。たっぷりのお湯で20〜30分茹でますⒹ。茹で上がったら熱いうちに棒を抜いて、水に浸して

ちくわぶのギザギザをつけるためには鬼すだれが最適

一晩熟成させる。

⑤ でき上がり!

水につける前の出来たてⒺ。おおおお! 見た目にはちくわぶそのものです! そこで早速水に漬ける前に実食!「んん? なんか違う…」。川口屋や他のメーカーの工場で食べたできたてのちくわぶとは雲泥の差でした!

川口屋の出来たてちくわぶは、小麦の香りがふわっとたち、もっちりしていて、ほんのり甘さも感じられます。そのままでも十分美味しい! と言うか、私はこの出来たてのちくわぶが何よりも美味しいと思っています。

一方、自作ちくわぶは、形はちゃんとち

寸胴ナベでもぎりぎりの大きさ

くわぶですが、食感が硬い上に、そのくせなぜか「ぬちゃっ」とした感じです。そのままではとても食べられません。そこで一晩熟成させて、翌日下茹でしてから煮物にしたところ美味しく食べることができました。でもコシがないというか、ムチっとしたあの独特な歯ごたえはありません。

一番の原因は、小麦粉の違いではないかと思います。ここでは、スーパーで買った無名メーカーの激安の強力粉で作りました。

もう一つの原因は、捏ねるプロセスを人力でやったため、グルテンの発生が少なくもっちりとした食感にならなかったのでしょう。

あとは火力の差。茹でるのも家庭のガスコンロと工場の大きな釜では違いますもん

見た目はまさにちくわぶ！　だが……

ね。

また実際にやってみると、強力粉なので、生地を伸ばすのは本当に力がいるし、とても大変でした。しかも、熟成時間なしにしても、作るのに4時間ほどかかっています。百数十円で美味しいちくわぶは買えます！

どうしても手に入らない！と言う方は一度作ってみるのもありだと思いますが今は通販もあります！

しかし、こんなに大変だとは思いませんでした。

結論　**ちくわぶは作らずに買いましょう！！！**

ちくわぶこらむ

エッセイのなかのちくわぶ

関西を代表するエッセイスト江弘毅さんの著作に『飲み食い世界一の大阪』(ミシマ社)があります。京阪神の飲食店を滋味深く紹介するエッセイ集ですが、その中に「ちくわぶはおまへん。」というタイトルのエッセイが。

なにやら宣戦布告された感がありますが、こんなエピソードが紹介されています。

「阪大医学部の名物教授で店好き食べ物好きで知られるNさんなどは、ツイッターで『ちくわぶだけは許さんっ！あんなまずいものはくうたことん《ママ》がないっ！こなもんの風上にもオケんっ！』とつぶやいて(略)大騒動を巻き起こした」

食べたことないのにまずいって言い切っちゃう点に驚きますが、でも東京以外ではこういう方が少なくないんでしょうね。

そして、江さん自身も食べてみた結論は、「メリケン粉の塊のような味気のなさに吃驚した」とか。そういうことを言うと、東京方面の出身者から「いや、おでん種には必須アイテム」とか「ちくわぶはソウルフード」とかうるさいので、本書でも紹介している東京・浅草の「大多福」で再度ちくわぶを召し上がったそうです。

結果は、「ダシがよく浸みていてとてもうまい、ということに留めておく」だそうです。

ダシはうまいとも取れるし、そのダシの良さがちくわぶでは活かされないとも読めます。

そのエッセイ中では、大阪で人気のおでん種が「コロとサエズリ」だと紹介されています。コロは鯨の皮、そしてサエズリは鯨の舌！　クジラ漁が盛んだった時代には非常に安価で、栄養たっぷりなことから、大阪ではおでんに好んで入れられるようになったそうです。

関西の方にとってのちくわぶ、関東人にとってのコロとサエズリ。食べず嫌いはもったいないので、大阪へ行く機会があればコロとサエズリ、食べてみます(ただ、江さんいわく「調子こいて連打すると、おあいそ時に後悔する」とか。ちくわぶとは違ってお高いんですね！)。

2本目

ちくわぶの愛され方

「ちくわぶといえば、おでん、おでんといえば、ちくわぶ」というのが東京下町のおでん屋事情。今から40年以上前「クリープを入れないコーヒーなんて…」というコピーがありましたが、同様「おでんの街」で街おこしをと活動する北区のおでんにちくわぶが入っていないなんて考えられません。まさに「ちくわぶの入っていないおでんなんて…」なのです。

そこでちくわぶの聖地（勝手に命名）赤羽のある北区を中心に、浅草の老舗をはじめ、いくつかのおでん屋さんのちくわぶについて取材を行いました。一言で「おでん」と言っても味もこだわりも様々。当然にそこに入っているちくわぶの味も様々です。それは、ちくわぶがそれ自体には味がなく、様々な味付けを受け入れる包容力の大きさを示すものと言えるのではないでしょうか。

ではさっそく最初のお店の暖簾をくぐってみるとしましょう。

ちくわぶ発祥の新説を唱える下町おでんの老舗

浅草おでん大多福《おたふく》（東京・浅草）

東京のおでん好きならだれもが知る有名店「大多福《おたふく》」。いまも石畳のエントランスに趣きのある提灯が目印の名店が、東京・浅草に開店したのは1915（大正4）年。

関東大震災も東京大空襲も乗り越えてきた老舗おでん店なら、さぞやちくわぶについても深い見識があるに違いない！　と、同店の船大工《ふなだいく》さんに取材をお願いしたところ、やはりこれまでとは大きく違う説を聞くことができました。それは、なんと「江戸時代にはすでにちくわぶは存在した」というもの。

江戸時代には、すでにちくわぶはあった!?

一般的にはちくわぶは明治大正以降に生まれたものと言われていますが、私はちくわぶは江戸の時代にすでにあったと考えています。

屋台文化が盛んだった今でいう中央区、墨田区、葛飾、江戸川区、台東区、足立区、荒川区あたりが発祥ではないかということですが、実際はもっと狭い地域で生まれたのではないかと。加えてちくわぶは、東京

全域の食べ物と言われますが、そうではなく具体的には上野から東側の非常に狭い地域のものだったと考えます。

さらにその背景には江戸期の幕府における政治的な思惑があったのではないでしょうか。

江戸時代、地方の大名に義務付けられた参勤交代。外様大名たちは、徳川側を悪く思っても実際には言えない。反幕府を口にすると、お家取り潰しにされますからね。ではどうするかというと、食べ物や文化を遠回しにばかにするんですね。

江戸の初期、まだ江戸には、現在のような細く切った蕎麦、いわゆるそば切りがなかったのです。しかし江戸以外の地域では、小麦粉で作ったうどんはすでに存在していました。なぜならお米は作っても作ってもすべて殿様や幕府が吸い上げてしまうので、江戸以外の地域の庶民は小麦で作ったものを主食にするしかなかったんですよ。

諸藩は、裏商売としていろんなことをしていたそうです。しかし屋敷内でうどんを打って食べるのは許されてましたが、裏商売でうどんを売るのは禁止されていたようです。そこで幕府側とすれば、あれこれイヤミなことをする、うるさい外様が食べているうどんってものをなんとか排除したい。

つまりうどんのようなツルツルとしたものではなく、そのうどんの代用として江戸のものがなにかできないかと、生まれたのが蕎麦だったのだと思います。

しかしそうすると今度は小麦粉が余って

しまう。そこでうどんの変形ともいえるちくわぶが生まれたのではないかと。

お醤油も同様です。それまで塩とみりんと味噌だったのを酒を排除するために醤油を作った。

大豆と小麦を原料にし、「江戸の味はこれですよ」と誇示するために。

発祥した地域においては、おそらく日本橋から蔵前あたりではないでしょうか。というのは、当時江戸に入る物資はすべて一旦停められて検品される。その集積地が今でいう蔵前だったんですよ。そこには北関東の物資がたまります。うなぎなどの川魚料理がこの周辺に根付いたのもそれが大きな理由の1つなんですね。小麦もそう。だからそのあたりでできた可能性は非常に高

大多福の年季の入ったおでん鍋

いですね。

ただし、江戸時代の文献にはちくわぶはでてこないんですが、お麩の名前はでてきます。

しかしお麩は作るのにも手間がかかる高級品、そして当時、魚のすり身で作ったちくわも存在していましたが、これもそうとうな高級食材。そこで安くできて、なおかつ高級食材であるお麩とちくわの名前を合体さて、一見高そうなものを……というのが「ちくわぶ」というわけです。いかにも江戸っ子らしい発想といえますね。ですから、かの落語「時そば」に出てるくるくだり(123ページ参照)もあながち創作ではないのではないかと考えます。

ものごとの真偽は、今の常識や情報、ある一方的な方向から考えるのではなく、その当時の政治情勢なども鑑みると、いろんなことが見えてくると考えます。

下町と山手のおでん事情

私も、小さい頃から当たり前のように食べていましたよ。千束が地元ですからね。子供の頃は当然のようにみな銭湯に通っていました。昼間公園の近くで子供相手に商売していた、おでん屋、揚げ物屋が、今度はその銭湯の前に集まってきては、大人相手にお酒を出す商売を始めるんですね。

うちは代々商売をやっていたので、晩ごはんを作ってもらえるかどうかわからない。そこで親は銭湯代にすこしプラスしてお金を持たせてくれたんです。その銭湯代の残りでおでん屋のちくわぶを買って食べたものです。こんにゃく、ちくわぶ、こぶが10円。ソーセージなんかもありましたが、高くて子供には買えませんでしたから。するとその中でいちばん腹持ちのよいのがちくわぶなんです。斜めに切った形のをほぼ毎日食べてましたね。

　ところで、かつては東京でも山の手の人はちくわぶを食べないし、おでん屋さんでも出さないということはご存じでしたか？　その代わり「白ちくわ」を入れていたお店もありました。

山の手の人にとっては、昆布をおでん種にするのも邪道。出汁用で食べものじゃないという意識なんです。

　つまりは「うちは下町ではない」と言いたかったのでしょう。かつては上野より東でしか食べられていかなったのは、そのあたりにも理由があったのです。しかし現在、住宅事情や社会の情勢も変わってきて、いろんな人がいろんな地域に住むようになり、ちくわぶの認知度も〝そこそこ〟ひろがっていますね。

　次第に東京下町から東

大多福のちくわぶはその切り方が独特

京の食材になってきたということは、ご存じの通りかと思います。

大多福のちくわぶと、創業者の意外な出身地！

大多福のおでんは、薄めの醤油味が基本です。

実は、私どもの創業者は関西生まれなんです。

先代も関西出身で、本人はちくわぶを一切食べなかったですね(笑)。でも土地柄、置かないとこの周辺のお客さんがこないというのがありまして。

私どものちくわぶは、弱火で長時間で崩れないものを使用しています。今日の分、次の日用として作っておりますが、基本は

2日目のものをお出ししています。ただしちくわぶがお好きなお客様にもタイプがあり、お客様の様子をみてますと、好んで食べるのは年配の方、しかもしっかり煮えてないとだめ。そして硬めを好むのは女性に多く、歯で噛まなくても食べられるほどにくたくたに煮えたものを好むのは男性に多いですね。

また最近では若い人がコンビニで初めて食べて美味しかったので、ちゃんとしたおでん屋さんにきて食べてみたいという方も増えてはきています。

あと大多福のちくわぶの特徴としては、昔ながらの屋台のおでん屋さんでは一般的だった斜め切りにしていません。斜め切りだとお鍋に本数が入らないいんですね。おそらくこれは先代が、ちくわぶに対しての思い入れのない関西出身だったからではないかと思いますよ(笑)。

(談)

店　　名▶浅草おでん大多福
所 在 地▶東京都台東区千束1-6-2
電話番号▶03-3871-2521
営業時間▶16:00 ～ 23:00
定 休 日▶なし(年末年始除く、夏期は月曜定休)

「北区おでん部」部長が語るちくわぶ愛

和奏酒 集《つど》っこ（東京・王子）

東京・北区といえば「おでんの街」と即答した方は、かなりのツウ。都内でも多くのおでん屋さんがある地域なのです。また、ちくわぶメーカー「川口屋」があるのも北区。その北区を、おでんの街として全国にアピールしていこうと、区役所や東京商工会議所北支部と飲食店のオーナーたちが集まり発足されたのが「北区おでん部」です。ここではそのメンバーで、北区王子の居酒屋「和奏酒　集《つど》っこ」のオーナー平田賢さんにその経緯と意気込みを取材しました。

ちくわぶ必須の北区おでん

私は元々俳優やってまして、それだけではあまり食えなくなった頃に母が私とお店をやろうということで始めた店なので、どこかで修業したということではないんです。ですからおでん自体もかなり家庭的な味付けですね。醤油ベースの比較的濃い味付けにしています。

このあたりの出身で、小さい頃からちくわぶはよく食べてましたよ。私はくたくたに煮えたのが好きです。ちくわぶはまさに

家庭的な懐かしい味が特徴

下町のソウルフードといった感じなんです。

お店を開いたあと、地元でなにかできないかと同業者たちと考えていたのがちょうどB級グルメのブームが全国規模で盛り上げっていた時期で「では北区になにがある？おでん屋が多いよね」ということで発足したのが「北区おでん部」です。おでん屋以外の飲食店も含め30店ほどが集まりはじまりました。

これまで静岡で開催される日本で一番大きなおでんのイベント「静岡おでんフェア」や、小田原で開催される「小田原おでんサミット」をはじめ、全国の有名なおでんイベントにはだいたい参加してます。ということもあり、最近ではどのイベントでもおなじみさんが増えてきて私は「北区のおでん大使」みたいになってますね(笑)。

北区おでんの特徴は、北区おでん部キャラクター「きたのでん兵衛」(96ページ写真)をご覧いただければわかるとおり、そのモチーフはちくわぶなんです。そのこともあり、この地域だけではなく、日本中に北区のおでんやちくわぶを食べてもらいたいという希望はあります。

地域のイベントに出店する際は、5点盛りなどで出すことが多いですが具材にちくわぶは必須。食べ慣れない方は不思議な表情で召し上がる場合もありますが(笑)、美味しかったというご意見いただいてます。

店主の平田賢さん

また東京から各地に移り住んだ方からは「わー、美味しいちくわぶ食べたかったんです」と言われることもあり、そんなご意見をいただけると、それだけでイベントに出た甲斐があります。

おでんで知名度アップを

一言で「北区おでん」といっても統一された決まりごとがあるわけではなく、お店によって出汁も違いますし、入る具材も煮込み方も違います。当然味もいろんなパターンがあります。ずばりそのコンセプトは「いろんなおでんがたべられる街」です。

それに北区ってところは、なかなか知名

度が低くて、東京でもあまり知られていません。まして私どものお店のある王子などは八王子と間違えられることも（苦笑）。ですからこれを機会に北区に足を運んで、いろんなおでんを召し上ってくださると嬉しいです。

最近ではお陰様で「北区＝おでん」のイメージはかなり浸透してきたようにも思えます。また、10月10日をおでんの具材を串に刺した形を模して「北区おでんの日」として制定して11月30日までの約1カ月間を「北区おでん月間」とし、「いろんなおでんが食べられる街・北区」としてフェイスブックなどSNSでも対象店舗で使えるクーポンを発行しPRしています。

そういえば「ちくわぶの日」も10月10日でしたね。北区おでんともども、一緒に盛り上げていきましょうよ！

店　　名▶ **和奏酒 集っこ**
所 在 地▶ 東京都東京都北区王子1-22-16
電話番号▶ 03-6875-0172
営業時間▶ 17:00 ～ 24:00
定 休 日▶ ※不定日曜・祝日

自家製のネタで一杯

平澤かまぼこ（東京・王子）

狭い店内はいつもお客さんでいっぱい

JR京浜東北線をはじめ、地下鉄南北線、都営荒川線（さくらトラム）がひしめく王子駅から徒歩30秒、6〜7人も入ればぎゅうぎゅうになってしまう立呑みスタイルのおでん屋さん。いつも多くのお客さんで賑わっています。夕方の帰宅時間ともなれば、入るのは難しいほど。店名にある通り、もとはかまぼこ店。自分のお店でつくった具材を中心に出しています。

北区おでんの主役はちくわぶの「きたのでん兵衛」

取材に行った際、隣に来た紳士。なんとお一人でちくわぶを3つ同時に注文する現場に居合わせてしまい、やはりこの地域で、いかにちくわぶが愛されているのかを実感しました。

店　　名▶平澤かまぼこ王子駅前店
所　在　地▶東京都北区岸町1-1-10
電話番号▶03-5924-3773
営業時間▶10:00 ～ 22:00
定　休　日▶祝日

ちくわぶの"聖地"赤羽の有名店

丸健水産（東京・赤羽）

JR赤羽駅の北改札を出て古くからある商店街へ。すると路地の両側は、日中でありながらも開店している居酒屋が多数。店先では大きな鯉をさばく様子も。ここは呑兵衛の聖地赤羽一番街。そこから右にそれると今度は薄暗いアーケード「シルクロード」が出現（しかしなぜシルクロード?:）。その一番奥にあるのが有名店「丸健水産」です。おでん種の製造販売と、それを使ったおでんのテイクアウト、また店頭で食べることもできます（立食）。

昼間であるにもかかわらず、多くはおでん以外にもお酒を飲んでいる姿がほとんど。なんともよき光景です。

非常に多くの具材が大きな鍋の中で煮えており、好きな具材を注文をしてその場で支払うキャッシュ・オン・デリバリー方式。もちろんちくわぶがないわけありません。いそがしく切り盛りする店員さんの手が少し空い

午前中の開店から多くの客でにぎわう

た時を見計らって、声をかけてみました。
「うちのちくわぶは、地元の川口屋さんのを使ってますよ。川口屋さんのちくわぶには業務用のやつがあって、煮込んでも煮崩れしにくいので、助かりますね。仕込みは1日。お客さんに出すのは翌日。じゃないと味がしっかり染みないからね」

　ここの名物は、日本酒におでんの煮汁を割って飲む「出汁《だし》割り」。おでんの様々な味が煮出した出汁と日本酒の合体は、あたかもふぐのヒレ酒や、イワナの骨《こつ》酒をも連想させる味わい。ぜひ一度味わってみてはいかがでしょう。ちなみにここでお酒を出すようになったのは今世紀になってから。以前は普通のおでん種とおでんの販売だけだったということです。

　ここ丸健水産は、昔ながらの下町の味や情緒を愛する文化人、著名人、アーティストにも人気で、「5本目」で紹介するギタリストの小野瀬雅生さんなどは電車に揺られて通ってくるほど。かつては、テレビ番組で嵐のメンバーが訪れたこともあり、運が良ければそういった人と肩触れ合うほどの距離でおでんを食べることができるかも!?

店　　名	丸健水産
所 在 地	東京都北区赤羽1-22-8
電話番号	03-3901-6676
営業時間	[月～金]10:30～21:00 [土・日・祝]　10:30～20:30
定 休 日	水曜日

なんでもちくわぶがイン！下町の街角カフェ

めぐりや（東京・赤羽）

ちくわぶ料理を出すお店といえば、おでん屋か居酒屋というのが一般的ですが、ちくわぶの聖地ともいえる北区赤羽には、ちくわぶを食材として様々な料理を出すお店「ソーシャルコミュニティめぐりや」があるというので、〝かあさんマスター〟橋本弥《や》寿《す》子《こ》さんにお話を聞いてきました。

●

うちは近所の川口屋さんのちくわぶを使っています。国産小麦を使っていたり、水も塩も厳選したものを使ってますしね。それになにより美味しいのです。

〝かあさんマスター〟
橋本弥寿子さん

鹿児島で生まれ育った私は、東京に来るまでちくわぶの存在すら知らなかったのです。鹿児島はさつまあげは有名ですし、ちくわもありましたが、ちくわぶやそれに似た食品はなかったと思います。

学生時代から東京や横浜に住んでいますが、最初に食べたときは、とくに美味しいとも思えない、薄い印象でした。

２０１０年の11月に、この場所で若いおかあさんたちと「赤ちゃん八百屋」というお店を開店しました。そこでオーガニックの食材も販売、私も週に１日でシフトに入っていましたが、あるおかあさんが、ちくわぶを使った料理を作るのを見て、「ああ面白いな」と、思っていました。

その後２０１２年に、赤ちゃん八百屋が移転することになり、私が店を引き継いで日替わりでシェフが変わるスタイルの「ソーシャルコミュニティ めぐりや」を始めたのです。

週に1度、群馬・高崎の友人がここで酒場を始めるようになり、諸事情により月に一度になった時に、私が担当するようになり、今では「水曜かあさん酒場」として定着しています。

そこで、ちくわぶを使った料理を出してみたら、次々にアイデアが浮かんで、ミネストローネスープ、カレーライス、味噌汁、炒め物、揚げ物、煮物、ポトフ、ハヤシライス、クラムチャウダー……とレパートリーが増えていきました。

キムチとちくわぶを和えた「キムちく」は、酒場の定番料理です。ちくわぶを薄くスライスし、カリカリになるまでオリーブオイルで炒めて、キムチに和えるだけなんですが、一度家で作ってみたお客様から「なかなか弥寿子さんのと同じ味にならない」と言われることもあるんです(笑)。私は「これは料理のうちに入りませんよ」と答えるのですが(笑)。

皆さん私のちくわぶ料理を「面白いね」とおっしゃって下さいますし、楽しみにしていらっしゃる方もおられます。「あ、出た！ ここにもちくわぶが入ってる！」と言われています。ちくわぶが入っているだけで、何故かウケるんですよ、常連さんや若い人たちに。

最近では、ご縁が出来た方に配達してもらえるし、定期的に仕入れては、何にでも入れています。今日は、白菜のクリーム煮に。

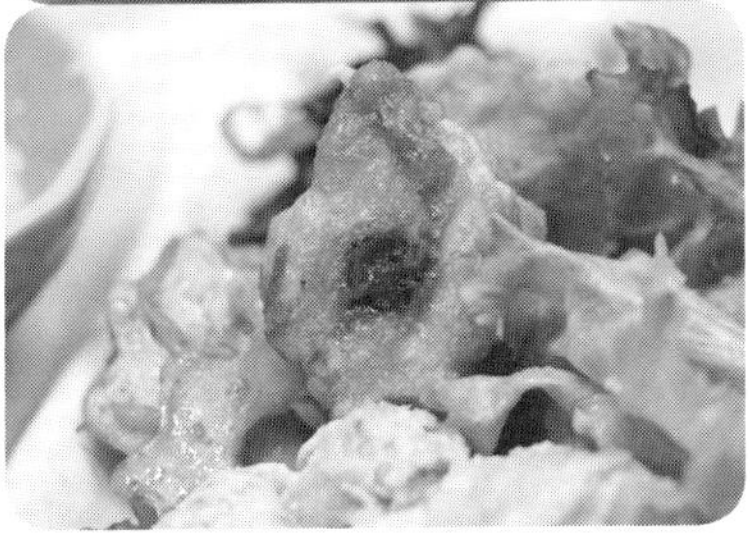

もう一品は、穴の中に人参を差し込んで、フライや天ぷらにしてみました。これは面白くて、美味しいですよ。カラフルだし。

金曜と土曜は他のスタッフが調理を担

当していて、カレーとオムライスの日なので、ちくわぶ料理は、私が担当する火曜日から木曜日の「寿食堂」の日と「水曜かあさん酒場」が中心なんです。日替わりランチがメインなので、いつもメニューに載っているわけではありませんが、ご注文の際に「ちくわぶ、ありますか?」と気軽にお声かけ下さい。喜んで、ご提供しますので。

最近では小麦粉アレルギーの方が増えて、グルテンを敬遠される方もいます。けれど視点を変えて見れば、ベジタリアンや、ビーガンの方など、お肉を召し上がらない方には、ちくわぶはとてもいいと思いますね。

めぐりやのコンセプトは「楽しく、美味しく、安全なものを食べて頂く。そして様々な人同士が親しく交わり、つながる」ことです。そうすることで、みんながより健康に、幸せになれると信じているのです。

店　　名▶ソーシャルコミュニティ
めぐりや
所 在 地▶東京都北区赤羽2-4-14
蛇の目赤羽ビル1F
電話番号▶070-5551-6891
営業時間▶ランチ 10:30〜15:00
酒場　18:00〜23:00
定 休 日▶日曜、祝日など

最新版！

コンビニおでん食べ比べ！

進学や就職で東京地方へ来られた方が最初に出会う「ちくわぶ」はコンビニのおでんの具としてでしょう。

いまやコンビニおでんは通年商品になりつつあります。その中でも東京都を中心とする東日本の店舗ではちくわぶがおいしそうに煮えています。

そこで、最新版のコンビニおでん比較（といってもちくわぶ限定）してみました。

例年は、３大チェーンのひとつファミリーマートでもちくわぶが売られているのですが、２０１９年に限りちくわぶレスのもよう。なので、セブンイレブンとローソンで比較しました。

セブンイレブン

「味しみちくわぶ」100円（税別）

販売地域▶ 関東全域、山梨（一部店舗）

栄養成分▶ 92kcal（たんぱく質3.5g、脂質0.3g、炭水化物19.4g、ナトリウム310mg）

重　量　▶80g　　長さ▶8cm

丸山晶代

ちくわぶインプレッション

箸を入れた感じが柔らかく、歯ごたえも「もっちり」感のある柔らかさ。味はしみしみで粉っぽさがゼロなのはすごい！

公式サイトによると、出汁に使う鰹節は漁獲から48時間以内に加工されたというだけあって、芯まで出汁を吸って美味しさに溢れています。

からしや柚子胡椒、味噌だれが無料でもらえますが、柚子胡椒でキリッと食べるのがおすすめ♪

ローソン

「ちくわぶ」100円（税別）

販売地域▶南東北、関東全域、静岡（一部店舗）
栄養成分▶111㎉（たんぱく質4.6g、脂質0.5g、炭水化物22.1g、ナトリウム168㎎）
重　量　▶65g　　長さ▶7.5㎝

丸山晶代

ちくわぶインプレッション

箸を入れた感じはやや固めですが、食感は柔らか。中心に少し粉っぽさが残りますが、これは煮る時間や好みにもよりますから一概には優劣は付けられないです。

出汁は見た目も濃く、しょうゆ味が強いです。そして甘い！　おでんだねにつくねや牛すじ、ロールキャベツなどパンチのある肉系が多く複雑な味がします。どちらかというと家庭的な味ですね。

店頭でからしのほか柚子胡椒、味噌だれを無料でもらえます。ローソンのちくわぶには味噌だれがおすすめ♪

コンビニおでん比較

総評

ちくわぶは、(何度も言ってますが)それ自体に味はついていないので、周りの「仲間」や、加熱時間に大きく左右されます。それはコンビニでも同じこと。コンビニのおでんはおでん種ごとに調理されて納品されるので店頭では温めているだけです。とはいえ、時間が経つほど味が染みますし、お好みのちくわぶに出会えるかは、ある意味運です。

今年はローソンが真夏からおでんの販売をはじめて、かなり好評だそうです。

コンビニおでんが年間商品になれば、ちくわぶも年間商品になる!

あとはジワジワでもいいので、取り扱いの地域が増えて欲しいです。

そして、重要なことはその販売エリアが徐々に増えていることです。

現在は販売中止しているファミリーマートでも、それまでは関東全域以外に長野県、山梨県、静岡県、新潟県、福島県を含むなんと4592店舗でちくわぶを販売していたそうです。

しかも当初は関東のみでの販売でしたが、お客さんからの要望で拡大していったとか。ということは要望が多ければ他の地域でも取り扱いが増える可能性大!

全国のコンビニオーナーのみなさん! そしてお客様! ちくわぶをどんどんリクエストしていきましょう。

3本目

ちくわぶの来た道

ちくわぶはいつどこで生まれた？その発祥は

ちくわぶはいつどこで生まれたのか、どうして作られたのか？ 実は正確なことはわかっていません。公式な文献にも全く残っていないのです。ただし、今回の取材を進めるなかで、文献や製造者の資料の中にごくわずか、その始まりや歴史についてはいくつかの記述や説がありました。それらを紹介したいと思います。

●白竹輪代用説

「白竹輪《しろちくわ》」とは、現在のかまぼこの原型と言われるもので、魚のすり身を棒にまきつけ茹でたもの。ちくわやちくわぶ同様、中央に穴が空いていて、周囲にはギザギザがあり、ほぼちくわぶと同じ形状です。この白竹輪は、かつては蕎麦やおでんの具として食べられていましたが、最近ではあまり見なくなってしまっています。発祥は不明ですが江戸時

代には生産が始まっていたとのこと。現在は、千葉・銚子の糸川商店で作られています。

糸川商店のサイトから以下引用

「あまり馴染みのないものですが、ちくわぶと違い魚肉を原料としています。古くは近海のグチや白身魚を加工して自前のスリ身にして作られましたかまぼこの原型のようです。現在ではスケソウ（上級の冷凍スリ身）が主流で使用されています。当店では銚子に上がる、グチ、カナガシラ、ホウボウなどを、スリ身にしてスケソウと1対1にして入れております。白ちくわを作る者が数えるほどとなってきたので、昔のスタイルのまま、すだれで巻いて茹で上げる仕事を続けたいと思います。

昔お江戸ではそばにいれていたようです。化学調味料は使用しない、利尻昆布と白味醂の魚本来の旨みと歯ごたえをお楽しみ下さい。加熱真空包装になっておりますので調理まえに、必ずさっと湯どうしして下さい。本来の白ちくわになります。わさび醤油でそのまま輪切りにして是非めしあがってみて下さい」

使用材料：スケソウダラ（北海道）、ホウボウ（銚子）、カナガシラ（銚子）、ホシザメ（銚子）、吉切鮫《よしきりざめ》（銚子）、馬鈴薯澱粉《でんぷん》（北海道）、食塩、利尻昆布（北海道）、砂糖、本味醂、清酒、PH調整剤

実際白竹輪を食してみたところ、これがとっても美味。プリプリしており、食感は

ちくわと言うよりかまぼこと言ってよいでしょう。蕎麦やおでんの具として使っていたというのは納得です。

この白竹輪、その昔は魚のすり身が高価だったため、生産が容易で比較的安価だった小麦粉を使い、真似してちくわぶが作られたというのが、白竹輪説です。筆者丸山も、今回の取材をする前までは、この説を信じていました。

現在白ちくわを作っているのは糸川商店と、同じく銚子市の嘉平屋《かへいや》株式会社のみです。

その昔、白ちくわは魚のすり身を白くするために漂白剤（オキシドール）を使っていたのですが、それが禁止になり、頭や内臓、皮を丁寧に取り除かないと作れなくなり、製造をやめたところが多くなったそうです。

都内では、東大前のおでん屋「呑喜《どんき》」で出されていたとのことですが、残念ながら2015年に閉店されました。

白ちくわの本場・銚子でも今は知らない人が多いと聞きますが、おでんや酒のアテにわさび醤油で食べるのが大好きという方も居られるそうです。

◉生麩《なまふ》変形説

今回の取材を進めて行く中で浮上したのが、「生麩が変形した生麩変形説」（勝手に命名）です。

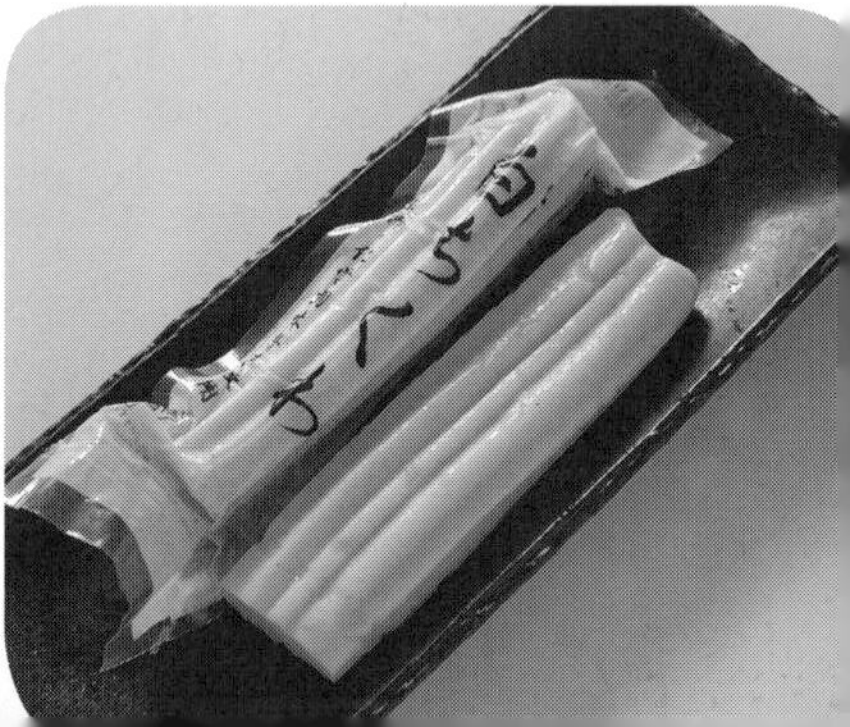

糸川商店の白竹輪。見た目はちくわぶそのもの！

「京生麸が原型であることが考えられ、精進料理の麸を元に関東地方で作られた説」

（Wikipedia より抜粋）

「新説」の真偽を確かめるべく国会図書館にも出向きましたが、ひょんなことから動かぬ証拠(?)が出てきました。それが非売品の「東京都蒟蒻協同組合七十周年史」で、48ページで紹介した鈴木商店の鈴木社長からお借りすることが出来たのです。その中に衝撃的な文章がありました。

「なま麸類の起源」大坪清吉

（略）鳥麸、かき麸、鯛麸、晒麸、鞠麸、あん麸、むし麸、さがら麸、つと麸、竹輪麸等があった。明治の中期に東京にも生麸の専門店が、神田、日本橋、京橋と前記の麸長があった。（略）更に東京の精進料理専門の料理店が浅草外数軒あった。

かく盛んであった精進料理も時代の変遷に斜陽営業となり、家庭食品向きとして、つと麸、竹輪麸等の製造販売に力を入れた。明治の末期から大正の初期に蒟蒻商が東京で何軒かが製造を始め今日に至ったのであるが、当初の品と今日の品と竹輪麸に於ても大差がある。

当時の製造は、小麦粉に水を適当に交ぜて練り上げたものを、更に水で洗い澱粉と蛋白質の俗になまと云うものを分離してこのなまに餅粉と小麦粉を適当にまぜ合せ練り上げ夫々の工夫を加えた。竹輪麩も当時の品はなまが多いので、おでんで煮てもつゆがにごらずおいしかった。

「今日の品と(略)大差がある」とはしていますが、その原型であることは間違いないようです。私も初めて目にした衝撃の事実です。

ちくわぶは生麩の庶民版として誕生し、当初のちくわぶは今より生麩に近いものだったのですね。

生麩を作るには――

① 小麦粉に水と少量の塩を混ぜてよく捏ねる

② 練ったものを水に入れもみ洗いし、グルテン以外のデンプン質をすべて洗い流す

③ 最終的に残ったガムのような状態のものがグルテンの集合体である「生麩」

このように、面倒なので手間をかけずに作れないものかと考案されたのがちくわぶという説です。

麩とちがい、製造途中で捨ててしまうデンプン質はそのまま。よって〝かさ〟もあるので、食べて腹持ちがよい、さらに安価と、まさに〝庶民〟にぴったりという理由で東京下町で作られるようになったのではないか…というのがこの説の概要です。

◉つと麩《ふ》説

生麩とほぼ同じ製造工程で作られ、関東

で生まれたのが「つと麩」です。これは生麩をすだれに巻いて加熱したもので、形状は穴こそ空いていないものの、ちくわぶに非常によく似ています。が、手間は麩よりもさらにかかるため、料亭などで使う高級料理として扱われました。

現在東京で製造しているのは、ほんの数社にすぎず、非常に珍しい食材になってしまっています。

そのつと麩は、麩と途中まで同じプロセスで作られるため、デンプン部分はすべて洗い流されてしまうという実に「もったいない」工程があります。では、そのデンプンを除去せず、捏ねた生地を薄く伸ばし、棒に巻き付け、そのまますだれを巻き付け加熱したらどうなるのでしょう？　ずばり現在のちくわぶそのものなのです。これもちくわぶの元になったものとされています。

結果的には決定打といえる答えは見つかりませんでしたが、いずれもうなずける説と言えます。おそらく高級食材を真似て、名もなき下町の庶民が作り出したものがちくわぶと考えるのが正解ではないでしょうか。

いつ頃できた？ 歴史の中のちくわぶ

文献として残っているものでは１９２４（大正13）年発行の『最新実用和洋料理』では「おでんの拵へ方」としてその材料に里芋・こんにゃく・がんもどき・焼豆腐・竹輪・さつま揚げと並んでちくわぶが挙げられています。

また、『東京の味』という本（１９６８年発行）におけるおでんの項の記述には「東京には、江戸の昔から蒟蒻、竹輪麩、里芋、焼き豆腐などを、濃い醤油のダシで赤くなるまで煮込むだ煮込みといふ極く祖末な煮物があつて、屋台や一膳飯屋（一名を縄暖簾《なわのれん》）の荒けずりの食卓に、醤油樽の腰かけをおいて酒と食事を出す店で売り、子供や下層の人達に好かれてゐた」とあります。

これらの資料をみる限りでは、明治期なのか大正なのかは明確ではありませんが、その時期にはすでに存在していたと思われます。さらに太平洋戦争ののち、広まったと思われます。

ただし、かの落語「時そば」にも登場するとあり、一部ではすでに江戸期に存在していたという説もあります。

昭和以降のちくわぶ

おでんの原型は江戸時代と考えられていますが、ちくわぶが最も流行ったのは昭和に入ってから。

1937（昭和12）年に旧陸軍が刊行した『軍隊調理法』は、文字通り兵隊向けのレシピ集です。ここに「関東煮」との料理名でおでんが紹介されています。

ここで鍋に放り込まれるおでん種が以下のとおり。

・がんもどき
・こんにゃく
・大根
・里芋
・竹輪麩

そうなんです、はっきりくっきりと「竹輪麩」の文字があります。

さらに太平洋戦争後に多く食べられるようになったのには、以下のような理由があります。

① **戦後の食料危機の際、少しでも腹持ちのよいものが求められた**
② **味が淡白で、おかずとしてだけでなく、主食的立場のものが求められた**
③ **アメリカから大量の小麦粉が日本に入ってきた**

そして、なぜギザギザの形状をしてるのか。

推測ではありますが、ちくわぶの製造過程

では大量のお湯を使うので、その際の燃料を少しでも節約するためと家庭で茹でる際に火の通りが早くなるため、できるだけ表面積を多くしたのではないかと思います。

ちくわぶとこんにゃくは兄弟?

本書「1本目」のメーカー取材でも分かるとおり、過去から現在にいたるまで、ちくわぶを製造しているメーカーのほとんどは、こんにゃく製造業も行っているケースが多いです。というよりも、そもそもちくわぶは、こんにゃく屋さんの副業として作られていました(ところてんを作るメーカーも多い)。

というのは、ちくわぶが最も消費されるのは、10月頃から12月末あたりの秋から冬。そのあと春になるとぱったりと消費は落ち込みます。そこで春はこんにゃくを作り、夏にはところてんというのが、標準的なサ

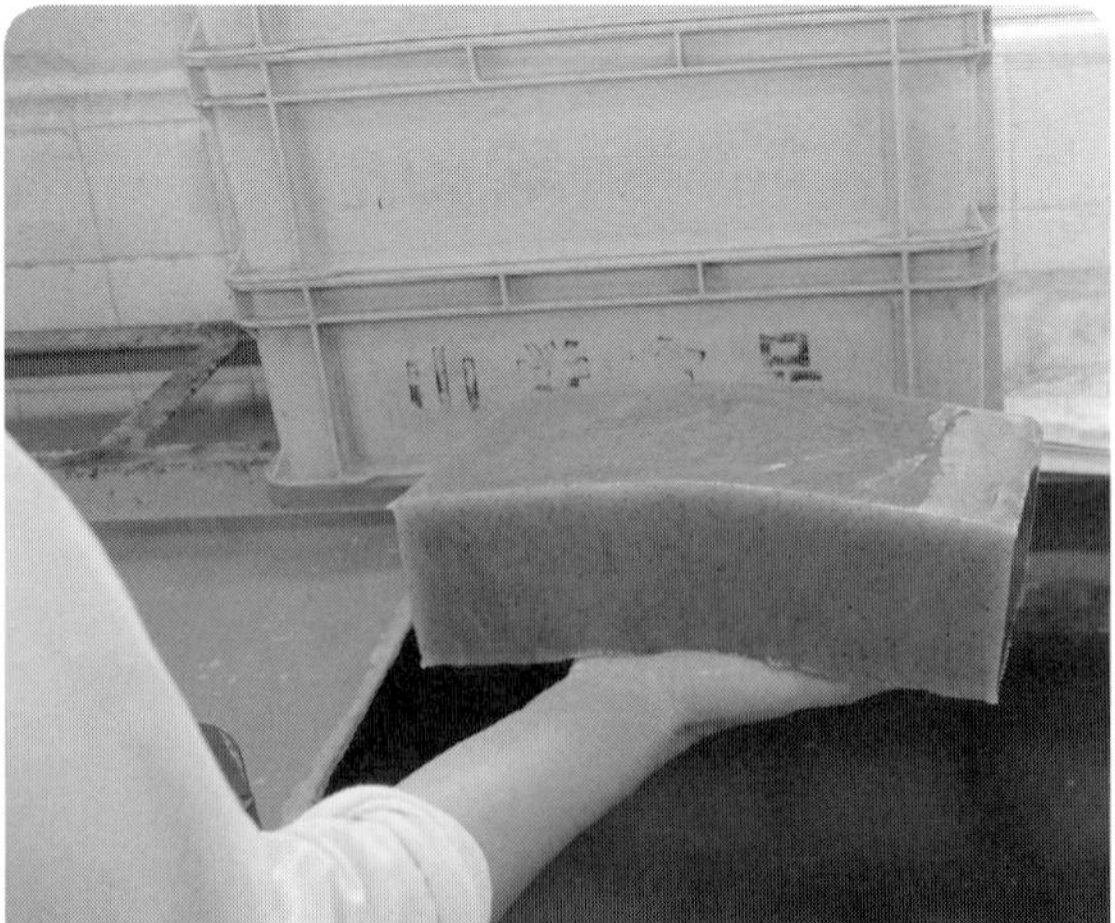

イクルパターンになっているのです。

家庭でもよく食べられるようになった頃には、こんにゃくも完全な手作りから、機械化されるようになり、その機械製造メーカーが、同時にちくわぶの製造機械も手がけるようになったことから、そのルーティンは強固なものになりました。

こんにゃく屋さんは古くから様々な副業をしていることが多く、なかにはアイスキャンデーを売っているケースもありました。あまりにも売れるのでアイス屋さんが本業になったお店もあるほど。

しかし近年の食事情の変化、多様化、核家族化によって、消費こそ落ち込まないものの、こんにゃくに比べちくわぶは「作るのが大変」「後継者不足」という理由から、

近年製造をやめてしまったところも多いというのが実状です。現在私が確認できているメーカーは以下の9社だけです(順不同)。ただし、「販売元」は全国に数多く存在します。

鈴木商店（東京・杉並区）
瀬間商店（東京・世田谷区）
川口屋（東京・北区）
いわて屋（神奈川・横須賀市）
タカトー（茨城・水戸市）
※ここのみ当初よりちくわぶ製造
カネ久（静岡・焼津市）
山栄食品（東京・足立区）
柳沢商店（東京・墨田区）

ちくわぶはなぜ東京近郊でしか食べられてこなかったのか？

現在流通しているちくわぶは半真空、または真空パックされたものですが、冷蔵技術や輸送手段が進歩していない頃は、お豆腐屋さんや八百屋さんで水を張った容器の中に豆腐やちくわぶを入れて売っていました。この、パッケージされていない状態を業界用語で「ハダカ」と言います。

真空パックされたものは消毒されていますので、日持ちもしますが（メーカーによって1～2カ月程度）、ちくわぶは製造後、空気に一旦触れてしまうと、劣化が著しく、たちまちだめになってしまいます。そのためには水に入れておかなくてはなりません。ちくわぶはその地域で作られ、その地域で消費されるいわば〝地産地消〟食材。そのためあまり遠くまでは広がらなかったと思われます。

それにくわえ、地域には地域ごとの「粉もの文化」が根付いており、他の地域のものを受け入れる必要がなかったのもその理由といえるでしょう。

パック方法はちくわぶの穴がつぶれない

様にする「半真空」とちくわぶの穴の中の空気まで抜いてしまう「真空」がありますが、開封して加熱すればどちらも元に戻ります。

真空パックが登場したのは1980年ごろで、広く流通するようになりました。今ではおでんの時期には、全国のスーパーでも販売されており（ただし季節商品として）、現在では何と！ 海外にも少量ですが輸出もされています。

ちなみにちくわぶは、東京・荒川など下町の一部で「粉ちくわ」、「わぶ」、「エントツ」と呼ばれることがあります。

余談ですが、ちくわぶに似た食品には「生麩」以外に「ちくわ麩」（乾燥したお麩）、「角麩」、「花こんにゃく」があります。

角麩

ちくわ麩

花こんにゃく

ちくわぶ こらむ

落語のなかのちくわぶ

明治から昭和にかけて活躍した名人落語家、三代目柳家小さん(1857年～1930年)が、上方《かみがた》落語の演目「時うどん」を江戸噺《ばなし》に移植したとされる「時そば」。

そばを食べに来た客が代金をごまかすために、店主に時間を聞こうとするが、逆に多く払ってしまうという有名なサゲ。

この話の中に「ちくわぶ」が登場します。

こんな具合に。

…ちくわを厚く切ったね。
こんな厚く切って大丈夫？ 本当に？ 薄っぺらいのあるよ。
フッフッフッフッ……
どうかするとねちくわぶとか使ってるとこあんだ。
まがい物はいけないよやっぱり。
フッフッフッ……
おめえんとこは……ハフハフ……
うんうんうん。
(舌鼓を打つ音)本物のちくわだ。うれしいねこら……

当時ちくわなど魚の練り物は高級品であったため、その代用としてちくわぶを入れているそば屋も多いが、このそば屋は本物のちくわを入れている……という話です。

三代目小さんが明治期に享保年間の笑話本「軽口初笑」を原典に作ったもので、その舞台は江戸時代。小さんによる創作なのか、あるいは、江戸時代にすでにちくわぶがあったのか……。

悩ましいところですが、浅草のおでん屋「大多福」の舩大工氏は、明治以前にすでにちくわぶは存在したという説を唱えている(85ページ)。

さて、真相はいかに？

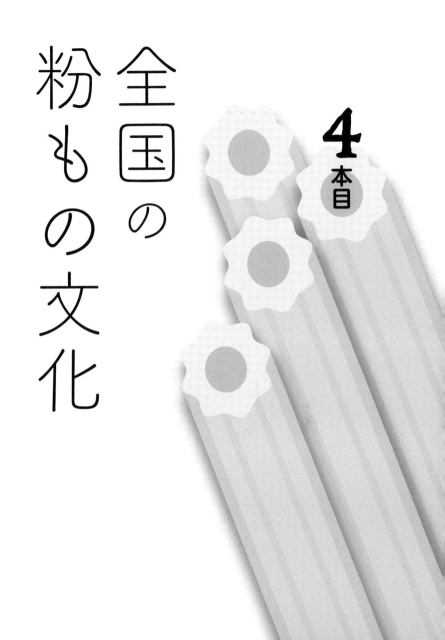

4本目

全国の粉もの文化

人類を支えてきた重要な穀物＝小麦

小麦の起源と世界における小麦事情

ちくわぶを語るに際し、どうしても避けて通るわけにはいかないのが小麦粉の存在です。なぜなら、ちくわぶの原料は基本「小麦粉と水」だからです（一部塩やグルテンを添加する場合もあり）。つまり、ちくわぶを知るには、小麦粉についても知っておく必要があるのです。ということで、製粉メーカー国内最大手である、日清製粉に取材しました。

まずは小麦ですが、米、トウモロコシ、大麦、ライ麦と並ぶイネ科の植物で、世界中で広く栽培されています。その起源ですが、小麦が世界で最初に食べられるようになったのは1万年ほど前とされています。古代エジプトの様子を描いたルクソールの壁画にも、収穫の様子が描かれています。

日本人にとっての穀物といえばお米ですが、世界全体の生産量を見るとトウモロコシ、次いで小麦、米、大豆という順番になっていますⒶ。

次に生産される地域ですが、北米大陸のカナダからアメリカにかけての地域。南米、地中海沿岸、東ヨーロッパ、インド、中国、オーストラリアなどが主な産地ですⒷ。

生産量と消費量においては表をご覧くださいⒸ。この表をみてわかるとおり、世界における日本の小麦生産量は、約0・1%、消費量は1%と、極めて少ないものと言えます。

日本で使用される小麦はアメリカ産の「ダーク ノーザン スプリング」「ハード レッド ウインター」「ウエスタン ホワイト」など。次いでカナダ産「カナダ ウエスタン レッド スプリング」「カナダ アンバー デュラム」、そしてオーストラリア産「オーストラリア

Ⓐ 世界の穀物生産量

農林水産省HPより

とうもろこし　10.2億トン

小麦　7.2億トン

米　4.8億トン

大豆　2.8億トン

Ⓑ 小麦の生産地

Wheat Flour Institute発行
From Wheat to Flourより

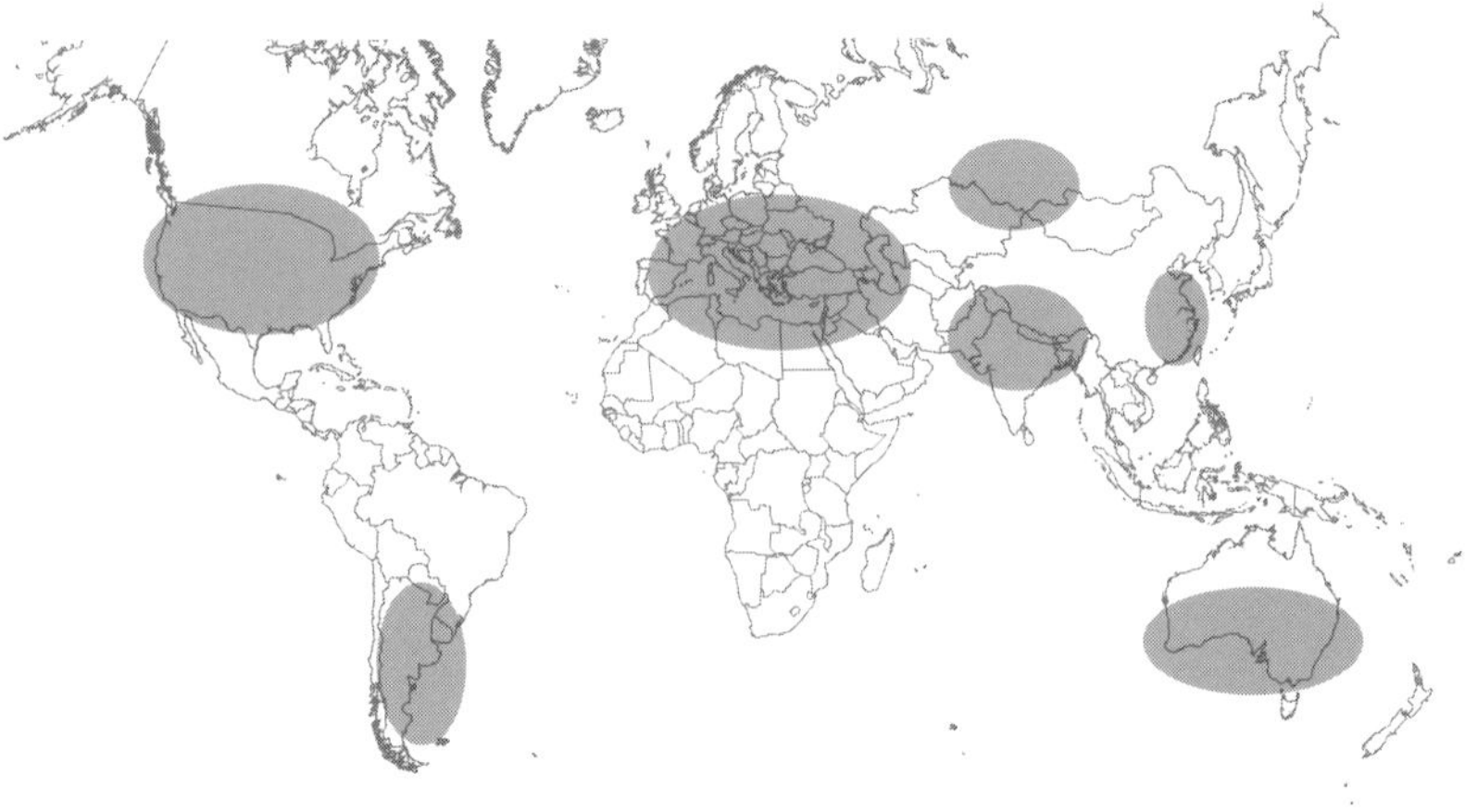

Ⓒ 世界の小麦生産／消費量

農林水産省
「食料自給表」より

世界の小麦生産量（2015年）

順位	国名	量（単位：千トン）
1	EU	160.480
2	中国	130.190
3	インド	86.530
4	ロシア	61.044
5	アメリカ	56.117
6	カナダ	27.594
7	パキスタン	25.100
	日本	1.004

世界の生産量中
約0.1%

世界の小麦消費量（2015年）

順位	国名	量（単位：千トン）
1	EU	129.850
2	中国	112.000
3	インド	88.551
4	ロシア	3.700
5	アメリカ	32.021
6	パキスタン	24.400
7	エジプト	19.200
	日本	6.581

世界の消費量中
約1%

スタンダード ホワイト」「オーストラリア プライム ハード」などですが、これらは〝品種〟ではなく〝銘柄〟であるという点に注意が必要です。

そして、日本国内で使用される小麦のほぼ半分がアメリカからの輸入で、国産小麦は14％程度です。消費においては、約580万トン／1年。小麦粉にして1人約33キロ／1年に消費しているという統計があります。そのほとんどがパンや麺でしょうね D。

さて、次にその14％の国内小麦ですが、こちらは銘柄ではなく、品種での取引がなされている点が、輸入小麦との大きな違いです。過去、日本で栽培されている小麦は、「きたほなみ」や「さとのさら」といったう

D 日本国内における産地別シェア

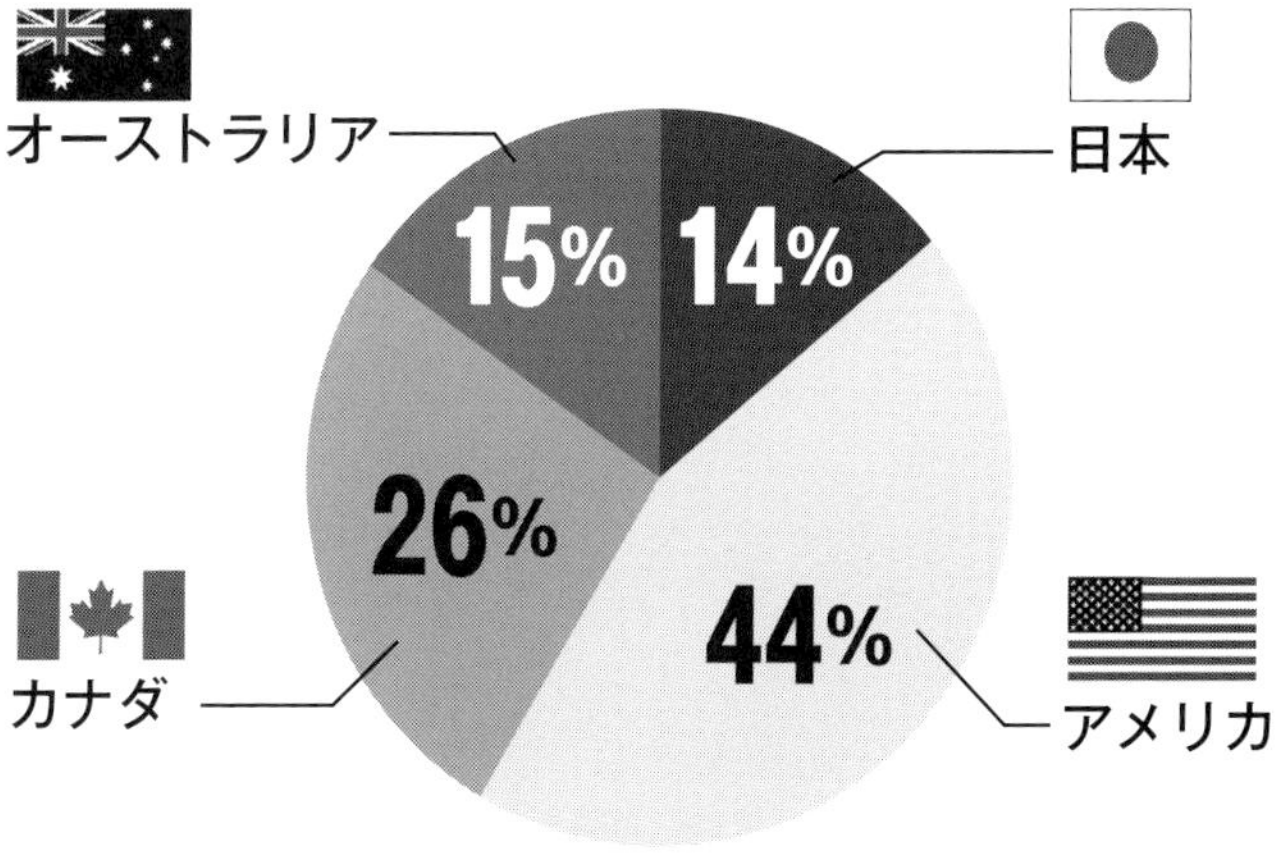

どんに適した小麦が多かったのですが、近年ではパンや中華麺にも向く硬質小麦「春よ恋」、「ゆめちから」といったたんぱく含量（グルテン含量）の多い小麦の開発も進んできました。ちくわぶに多く使われているのは硬質小麦を主に使用した小麦粉です。

グルテンや糖質は悪者？

昨今、一部の健康志向の方々の間で唱えられている「糖質ダイエット」や「グルテン・フリー」といった傾向につきまして。ずいぶん悪者にされているようですね（笑）。

なにしろ小麦粉などはまさに「糖質」であり「グルテン」そのものですから。もちろん、小麦においては、アレルゲンでもあるのは事実。特定原材料に指定されていま

世界の小麦サンプル。粒の大きさや色もさまざま

すので、アレルギーをお持ちの方は絶対に召し上がらないようにご注意ください。

しかし、そうではない方、それを食べてはいけないということではなく、大事なのはバランスではないでしょうか。例えば、他のものでも偏った食事は毒にもなりえます。小麦は主食にもおかずにもなるとても便利な食原料です。利用のしかたでコントロールできます。それに何万年にも渡り、人類を支えてきた貴重なエネルギー源ですからね。（談）

小麦粉の種類特性

さすが専門メーカーですね。さて、小麦粉には「強力粉」「中力粉」「薄力粉」の3種類のタイプがあります。強力粉において

Ⓔ 小麦粉の性質は原料によって決まる

原料小麦▶	硬質小麦	中間質小麦	軟質小麦

小麦粉▶	強力粉	中力粉	弱力粉
主な用途▶	パン、中華麺 ピザ、餃子の皮など	うどんなど	ケーキ、菓子、 天ぷらなど
グルテン量	多い		少ない
グルテン性質	強い		弱い
粒度	粗い		細かい

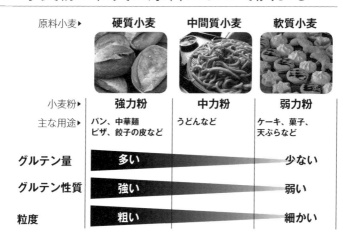

は、「きょうりょくこ」と発音する場合もありますが、他の2タイプは「りょく」ではなく「りき」と発音するので「きょうりきこ」が正しい読み方です。この3つのタイプの違いは、含まれるタンパク質（グルテン）の量の違いで、それぞれに向いた用途に応じて使い分けられますⒺ。

さて、何度も登場するグルテンについて。一般的にグルテンと呼ばれるものは、小麦に含まれる特有のタンパク質のことで、米やトウモロコシといった他の穀物には含まれていません。一言でグルテンと言われていますが、正式には「グリアジン」（粘り）と「グルテニン」（弾力）がその成分で、小麦粉に水を加え捏ねることで、グルテンが形成されます。このグルテンは、原料小麦

Ⓕ 小麦粉の成分と適する用途

荒井綜一ほか著　『食品の貯蔵と加工』（エスカ・シリーズ　同文書院）より

	強力粉	準強力粉	中力粉	薄力粉
タンパク質（%）	**11～13**	**9.5～10.5**	**8.5～9.5**	**8～8.5**
湿麸量（%）	**38～52**	**34～38**	**24～32**	**18～25**
灰分（%）	**0.38～0.90**	**0.42～0.55**	**0.38～0.75**	**0.35～1.40**
原料	ウエスタン・レッド・スプリング・ホイート（カナダ産）、ダーク・ノーザン・スプリング・ホイート（アメリカ産）	ウエスタン・レッド・スプリング・ホイート（カナダ産）、ハード・レッド・ウィンター・ホイート（アメリカ産）、ダーク・ノーザン・スプリング・ホイート（アメリカ産）	スタンダード・ホワイト・ホイート（オーストラリア産）、国産普通小麦	ウエスタン・ホワイト・ホイート
適した用途	パン、麺	パン、麺	麺類	菓子、天ぷら

によって量と質は変化します。

　タイプに適した用途を表にまとめたので、参考にしてくださいⒻ。ちなみに「湿《しっ》麩量《ぷりょう》」とは、小麦粉を水で練ったあと、ガーゼなどに包んで水中でデンプンをもみだしたあと残る「麩成分」の量のこと。


　ちなみに、ちくわぶですが、グルテン含有量の多い〝強力粉〟を使用しています。ちくわぶの登場時は国産小麦が多く使われていましたが、食味感向上のため外国産の硬質小麦を使用した強力粉が使われるようになったと考えられます。しかし、先にも説明したとおり、「春よ恋」、「ゆめちから」といったグルテン成分の多い小麦の開発も進んできたため、国産小麦でのでちくわぶの製造も可能になってきました。

小麦粉と日本の食生活の歴史

　では、次に日本国内における、小麦の歴史についてみていきましょう。

　「47都道府県こなもの食材文化百科」によると、小麦が日本に伝播したのは、かの空海、弘法大師（774年～835年）が大陸から法衣の中に入れ持ち帰ったという説がありますが、それよりずっと以前の紀元前1世紀ごろ、弥生時代中期には朝鮮半島を経て九州に入ってきていたともいわれています。

　その小麦を粉にし水とこねて作る〝うどん〟は、いまや国民食ですが、そのルーツは中国から伝わったというのが有力な説です。

　当時は現在のような細い麺ではなく、平

たい形をした現在の〝ほうとう〟のようなものであったとされていますが、祝いの日などの行事の際にだされる特別なもので、決して庶民が頻繁に口にできるようなものではなかったと思われます。

その理由はさまざま考えられますが、さらさらの細かい粉にするための製粉技術がなかったからで、それ以前は粒のまま茹でて粥にしたり、あるいは炒ってから粉にしたものを食していました。

粉にしたものをこねて麺状にしたうどんや素麺が庶民の生活にまで広まるのは江戸時代初期以降です。当時は小麦粉とはいわず「うどん粉」と呼んでいましたが、現在のパンなどに使用するものにくらべ当時の国産の小麦粉はタンパク質の含有量は少なく、いわば中力粉的ものでした。

しかしそれ以前の文献にも〝むぎのこ〟という言葉が登場します。平安時代中期に勤子内親王の求めに応じて源順が編纂した和名類聚抄という辞書には、「麺とは無岐《むぎ》乃古《のこ》」という記述があります。

江戸前期に書かれた『本朝食鑑』（1695年）にも麪《むぎこ》という項目があり、要約すると以下のようなことが記載されています。

① 小麦には多数の品種があり、粘りのあるものは美味、そうでないものは不味

② 用途はまんじゅう、温飩《おんとん》（うどん）、素麺、中華菓子

③ 粒食には向かない。小麦粉、つき臼

ではできない。ひき臼にかけて作る。

その過程で上等粉と下等粉ができる。

また、1712年の『和漢三才図会』では、以下のような記述がされています。

① 小麦は種類が多く、播き方も早・中・晩とさまざま

② 丸亀のものが質が良く、まんじゅうに向く

③ 関東と越後のものは粘りが強く、麸や索麵《そうめん》に向く

④ 肥後のものは醤油の原料になる

⑤ 小麦粉の用途は広い

⑥ 一番粉は最も色が白く、粒子も細かい

うどんとの戦いと全国の小麦粉食品

うどんの原料は小麦粉と水、そしてちくわぶの原料もまさに小麦粉と水のみ。つまりお互い、生まれは同じ「小麦粉と水」という両親から生まれた双子の兄弟とも言える存在です。

しかしその加工過程（いうなれば育ってきた環境）の違いから、かたや主食的立場で全国展開で知らぬものがいない食品に。かたや副食的立場であまり知られることなく、しかも東京近郊というローカルに閉じ込められてしまったという、この皮肉な運命を背負うことになるとは、誰が予想していた

『47都道府県こなもの食文化百科』(丸善出版・成瀬宇平)を参照

	おもな粉食お菓子類2	麺1	麺2
	酒饅頭		
		稲庭うどん	
	小麦まんじゅう		
	ほどやき		
	じり焼き		
	いがまんじゅう		
	もんじゃ焼き	柳久保うどん	
	たらしもち	煮込みうどん	
		氷見うどん	大門素麺
		白髪素麺	
		ほうとう	
	うす焼き		
	だら焼き		味噌煮込みうどん
	おはらぎ	伊勢素麺	大矢知素麺
	さなぶりだんご		
		うどん	お好み焼き
		揖保乃糸	
		三輪そうめん	
		讃岐うどん	
		五色素麺	
		なまかわうどん	ひらひぼ
	あんこかし	むっきり	きりだご
	じりやき	ほうちょう	
	味噌ダゴ	ゆであげだご汁	
	ポーポー	沖縄そば	

全国のおもな粉もの食

都道府県名	おもな粉食1	おもな粉食2	おもな粉食3	おもな粉食お菓子類1
北海道				きんつば
青森県	ひっつみ(引摘)	小豆ばっとう	つっつけ	麦団子
岩手県	ひっつみ(引摘)	南部はっと鍋		ひゅうじ
宮城県	じんだつめり	はっと汁		小鍋焼き
秋田県				
茨城県				ぜんびだんご
栃木県	みみうどん			ゆでまんじゅう
群馬県	おきりこみ	すいとん	甘ねじ	ふかしまんじゅう
埼玉県	にぼうと	お切り込み	打ちいれ	小麦まんじゅう
東京都	えびりつけ	のばしだんご	ひもかわ	焼きびん
神奈川県				鍋焼き
富山県				小判焼き
石川県	小麦だんご			小麦だんご
山梨県	ほうとう	のしこみ	みみ	うす焼き
長野県	おはっと	おほうとう		おやき
静岡県	ほうとう	ちぎり		
愛知県	きしめん	じょじょ切り		炭酸まんじゅう
三重県				蒸し団子
京都府	だんご	生麩		だんご
大阪府				
兵庫県				明石焼き
奈良県				小麦もち
岡山県				流し焼き
広島県				広島焼き
香川県	はげだんご	打ちこみ汁		
愛媛県				ほうろく焼き
高知県				ひきごもち
福岡県				ふな焼き
佐賀県				ぐずぐず焼き
熊本県	あんこかし	むっきり	きりだご	のべだご
大分県	おどろ	おしょぼ		ひ焼き
宮崎県				ひらだご
沖縄県				ヒラヤチー

でしょう。

しかし、ちくわぶとうどんに限らず、日本中には小麦粉を主原料とする「粉もの」食品が数多くあります。前ページの表で「全国のおもな粉もの食」を紹介しましたが、北海道から沖縄まで、さまざまな形となって、小麦粉が親しまれてきました。

日本の「粉もの」の特色としては「脂分とのコラボ」が比較的に少ないことでしょうか。ちくわぶもうどんもあまり脂分を必要としない食材であることからも分かります。

とはいえ、脂分をたっぷり含む粉ものの代表格、焼き餃子がもはや「国民食」と言われるように、現代ニッポンはかつてないほど粉もの文化のピークを迎えているとも言えます。

全国おでん種分布

圧倒的　人気は大根！
ちくわぶは東京のみランクイン

おでん種における日本最大のメーカーといえば、言わずとしれた紀文食品。今回、おでんにおけるちくわぶの位置づけなどについて問い合わせたところ、いくつかの貴重な資料をご提供いただきました。またおでん研究家の新井由己さんから提供いただいたおでん種分布図を掲載しましょう。

これを見ると、やはり大根が全国区でダントツ1位。ついで玉子、こんにゃくという定番が3〜4位までを独占しています。そして特徴的なのが、西にいくにつれ、牛すじの人気が高まるという点。そして餅入り巾着は、安定して中盤にいること。

そして、われらがちくわぶは、残念ながらランクインしているのは東京のみ。そして他では見られないはんぺんが2位という点も独特です。

そして、次に新井さん提供のおでん種分布図をみると、ちくわぶが東京近郊だけで食べられていることを知っていても、あらためて地図でみるとかなりの衝撃です。
　おでんは日本全国で食べられているのに、地域によって出汁やおでん種、薬味が違う。なかでも、ちくわぶだけが小さな「円」でしかないのは寂しい限り！　とはいえ、今後じわじわと全国に広がっていくことを期待したい。頑張れ！　ちくわぶ！

資料提供　紀文食品
画像提供「とことんおでん紀行」新井由己著

おでん種分布図

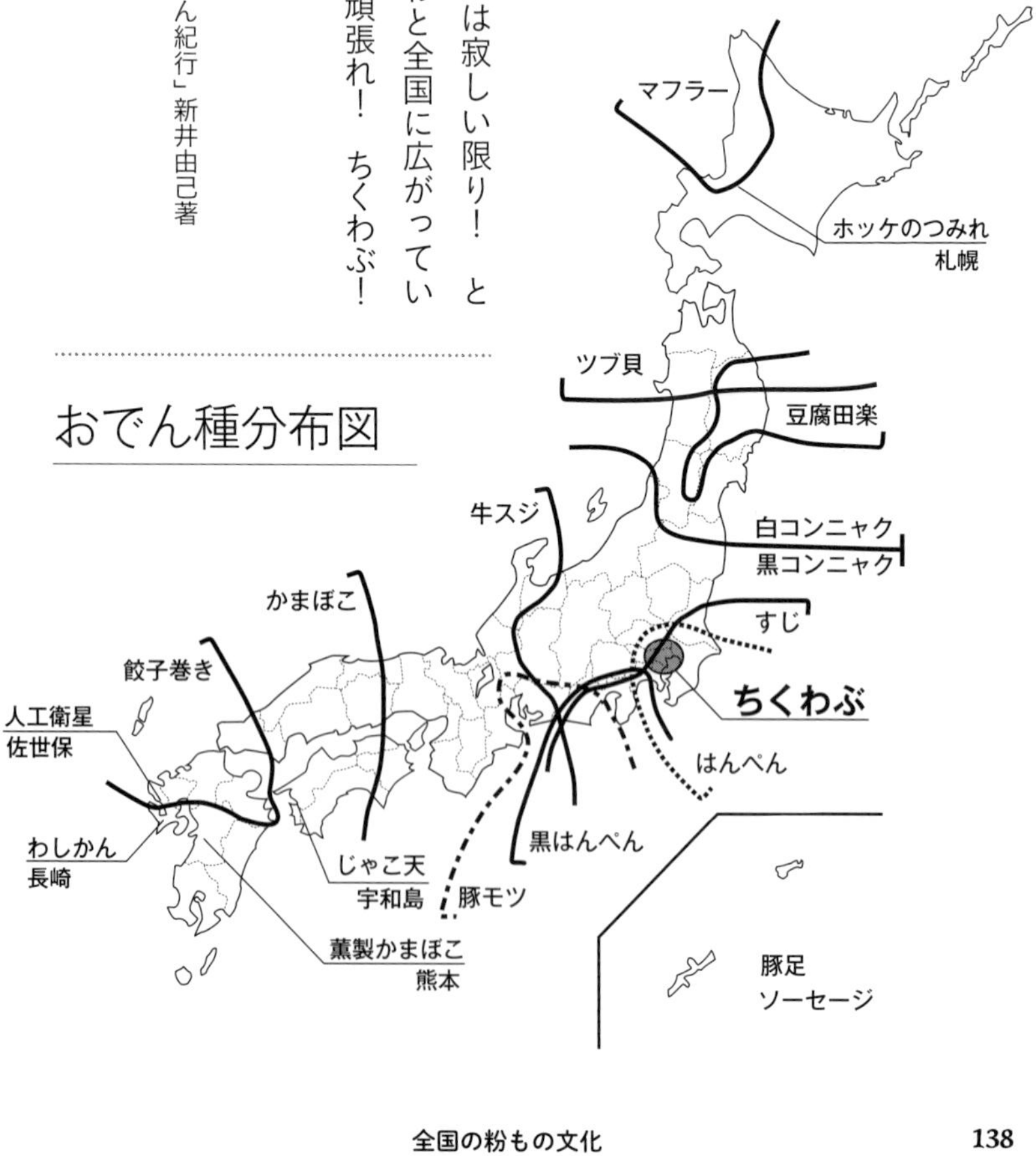

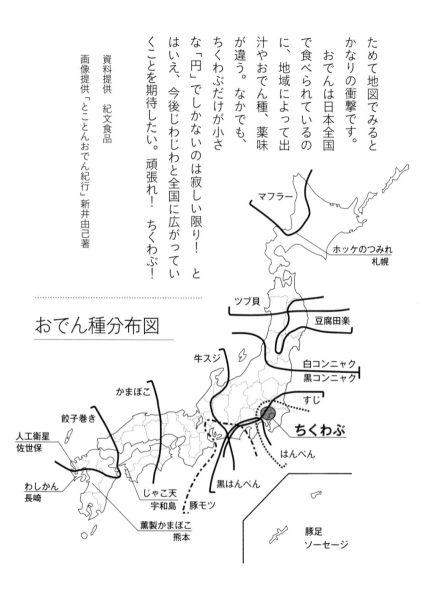

好きなおでん種(地域別) 2017年

全体		
1	大根	62.1
2	玉子	54.3
3	こんにゃく	43.4
4	牛すじ	34.2
5	餅入り巾着	33.9
6	はんぺん	31.1
7	ちくわ	31.0
8	ウインナー	30.9
9	白滝	29.1
10	さつま揚	27.9

東京		
1	大根	74.5
2	こんにゃく	58.5
3	はんぺん	56.5
4	玉子	55.5
5	餅入り巾着	48.5
6	白滝	43.0
7	さつま揚	42.0
8	**ちくわぶ**	41.5
9	ちくわ	36.5
9	昆布	36.5

大阪		
1	大根	77.0
2	こんにゃく	66.5
3	玉子	65.0
4	牛すじ	48.5
5	餅入り巾着	47.0
6	ごぼう巻	45.0
7	厚揚げ	43.5
8	ちくわ	40.0
9	じゃがいも	38.0
10	白滝	35.0

福岡		
1	大根	80.5
2	玉子	62.5
3	こんにゃく	59.5
4	牛すじ	46.5
5	白滝	46.0
6	餅入り巾着	42.5
7	ごぼう巻	41.5
7	糸こんにゃく	41.5
9	厚揚げ	39.0
10	さつま揚	38.0

ちくわぶこらむ

漫画のなかのちくわぶ

昭和に花開いた漫画文化。黎明期を支えた漫画家たちの多くは若く、貧しかったから腹持ちのいいちくわぶのお世話になった人がいたかも……。

しかし、作中に「ちくわぶ」と確認できるものは意外と少ない。

ぱっと思いつくのは、平成にリバイバルした赤塚不二夫の『おそ松くん』に登場するチビ太のおでん。串に刺された三角、丸、棒の「棒」は、ちくわぶ!?

幼少期の私はちくわぶだと信じていましたが、あれは「ナルト」とのことです。上から「コンニャク、ガンモ、ナルト」で、だしは関西風とのこと（赤塚不二夫公認サイト「これでいいのだ」より）。

作者の赤塚によれば、子供の頃、酒を飲ませる大人向けのおでん屋とは別に子供のおやつにおでんを売りにくる屋台があり、ちくわぶ、ガンモ、コンニャクを串に刺して1本5円で売っていたという話です。これが赤塚が生まれ育った満州でのことなのか、引き上げ後の関西でのことなのか不明ですが、ちくわぶがあったんですね。

いまでは死語になりますが、チビ太は天涯孤独の「浮浪児」という設定。そんなチビ太が少しでもお腹がふくれるちくわぶが好きでも不思議ではないです。

その後、「チビ太のおでん」の名で（いまはなき）サークルKとサンクスで販売されました。そのメンツは「こんにゃく、うずら玉子巻き、焼きちくわ」でした（一部地域では具が異なります）。

1962年のデビューからまもなく60年になろうかという時を経て「チビ太のおでん」で通じるところが、すごいですよね。

5本目

ちくわぶで遊ぶ

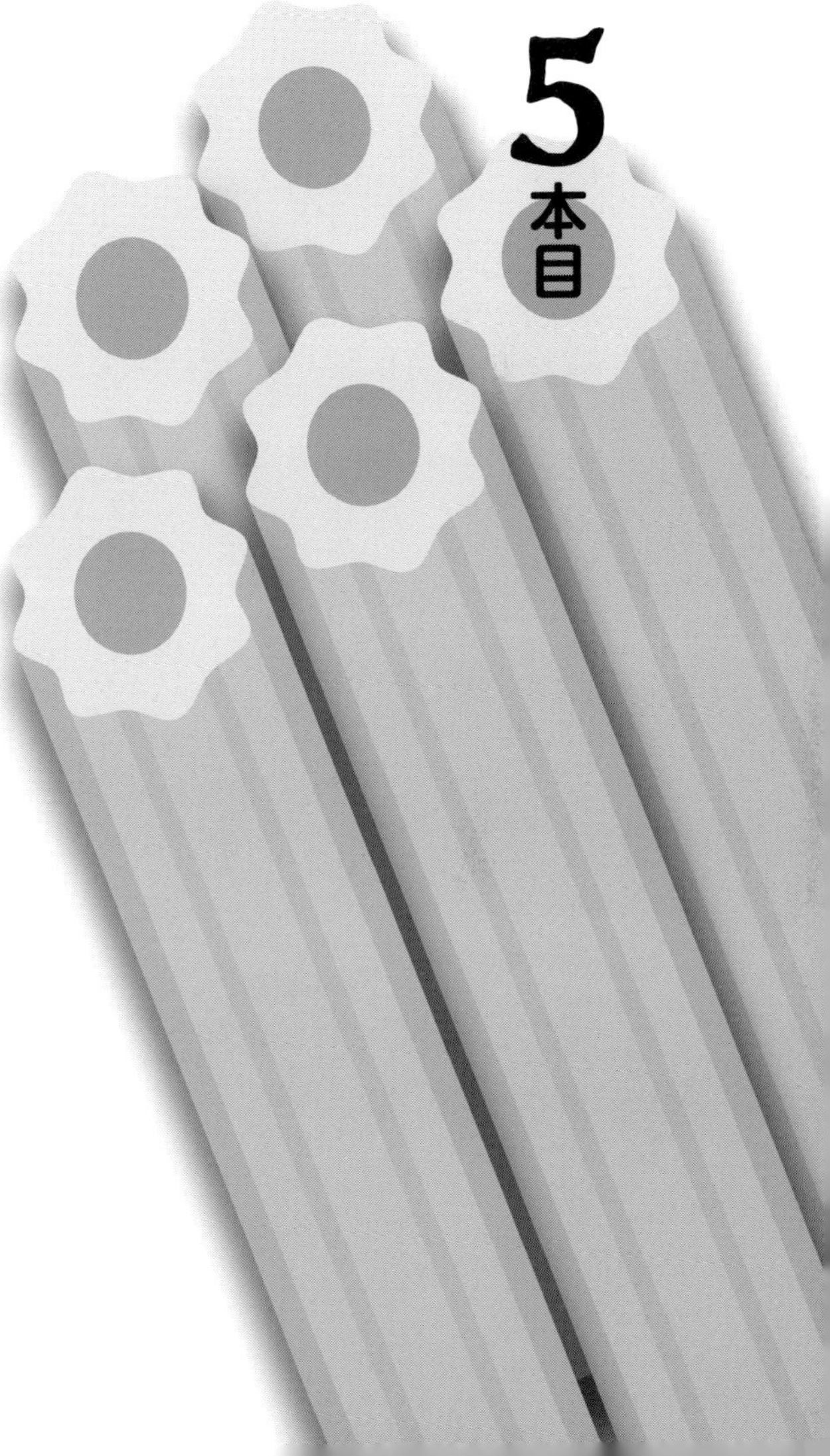

ギタリスト **小野瀬雅生** × ちくわぶ料理研究家 **丸山晶代**

対談

ちくわぶ CKWBへ!

小野瀬雅生

おのせ・まさお。1962年横浜生まれ。クレイジーケンバンドの最初期からギタリストとして活躍。映画監督アキ・カウリスマキとちくわぶをこよなく愛する。

「芸能人にちくわぶ好きが多い」というのは、わたくし丸山の持論です。

有名なのは、KAT-TUNの亀梨和也さん。あちこちでちくわぶ好きを公言されています。そしてTHE ALFEEの3人。特に高見沢俊彦さんはちくわぶの「聖地」赤羽と同じ京浜東北線沿線の生まれ育ちということでツアー先のお店のおでんにちくわぶが入っていないと〝クレーム〟するほどとか。

歌舞伎役者の中村獅童さんもテレビ番組で「おでんではちくわぶが一番!」と発言されていましたし、ホラー作家の平山夢明さんは「棺にはちくわぶを60本入れてほしい」とか。

その他にも、タレントの伊集院光さんは、私が生まれ育った足立区新田の高校OBということもありちくわぶ好き。コラムニストのジェーン・スーさんもちくわぶ好きで、ラジオ番組でご一緒したことも。

そして忘れてならないのが、クレイジーケンバンド(CKB)のギタリスト小野瀬雅生さん!

公式ブログ「世界の涯で天丼を食らうの逆襲」では、「ちくわぶ愛」が語られ、その思いを隠そうともしないお姿にリスペクトしております。ミュージシャンとしてだけではなく、雑誌『dancyu』にたびたび登場されるグルメライターとしてもご活躍中の小野瀬さんと北区・赤羽のブックカフェ青猫書房で「ちくわぶの世界」を語り合いました。

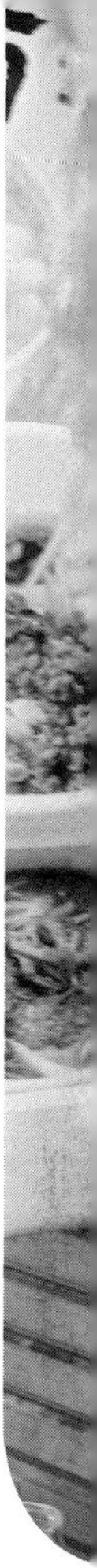

クレイジーケンバンド CKBから

■ちくわぶが救った少年時代

丸山……　お久しぶりです！　小野瀬さんとお会いしたのは、2013年に東京・鶯谷の「ねこまる茶房」（現在は閉店）で私が主催した「ちくわぶナイト」がきっかけでした。どうやってお知りいただいたのですか？

小野瀬…　NHK-FMで松尾貴史さんがパーソナリティをなさっている「トーキングウィズ　松尾堂」でおでん特集があって、そこにゲストとして呼ばれたんです。お誘いいただいたときは「本職は天丼ですよ」って言ったら（笑）、「ちくわぶお好きですよね？」って言われて。そこで、おでん研究家の方が「今度〝ちくわぶナイト〟っていうのがありますよ」って教えてくださったんです。

丸山……　もう6年前ですか。あの時はびっくりして、事前に小野瀬さんのブログを見たら「ちくわぶ」というカテゴリまであって（※現在は「おでん」カテゴリにまとめられています）。ちくわぶ好きを公言している人は意外と少ない。というか、わざわざ言うほどでもないですすもんね（笑）。でも、こんなにはっきりちくわぶ好きと言ってくださっているので、どんな方かと感激したのを覚えています。

小野瀬…　いや、本職は天丼なんですけどね（笑）。たしかちくわぶナイトでは「ちくわぶ

小野瀬さんも大ファンの
赤羽・丸健水産のちくわぶ

カツ丼」をいただいたんです。がっつりした感じで。炭水化物のご飯に、炭水化物のちくわぶが、炭水化物のパン粉で揚げてのっけてあるっていう(爆)。

丸山……その時に、子供のころは好き嫌いが多かったとおっしゃってましたよね?

小野瀬…そうなんです。好き嫌いが激しいというか、食べられるものの方が少ないぐらいでした。

丸山……食べられるものはなんだったんですか?

小野瀬…ちくわぶです!

丸山……ほかには?

小野瀬…ご飯と海苔とちくわぶ。あとは、なぜかタケノコとフキ。もはやちくわぶが主食という。

丸山……野菜とかお肉はどうされていたんですか?

小野瀬…じつは父が昭和ヒトケタ世代で、戦時中のとんでもない時代を過ごしたので、なんにも食べられないんです。野菜だけでなく緑色のものは全部ダメ。果物もまったく食べられず。あの当時はいまと違って、ひどい時代ですから野菜とかなにもかもおいしくなかったんですよね。腹を満たせばいいだろうと……。その影響か、90歳を超えたいまでも極端な小食で、食べられるものもほとんどなく、その影響は確かにあったと思います。

丸山……そんなお父さんの人生が食卓に反映してたんですね。

小野瀬…ともかく野菜がまったく出なかっ

た。小学校に行って、はじめて世の中に野菜というものがあることを知る。この緑色のものはなんだ？　草じゃないのか（笑）。

丸山……そんな小野瀬少年を救ったのがちくわぶ？

小野瀬…うちでおでんはよく出たんです。横浜だから、ちくわぶも普通に入ってる。練り物も好きでしたが、ちくわぶは特別に好きでした。

丸山……やっぱりお腹がすいてたんでしょうね。

■食わず嫌いを克服

小野瀬…学校給食でもおでんがあったんですよ。「よっしゃ」と意気込んでたらちくわぶが入ってない。「なんだ、おでんじゃないじゃないか」って先生に文句言ったのを覚えてます。

丸山……そうなんですか！　いま東京北区あたりでは、学校給食のおでんにもちくわぶが入ってます。そのちくわぶ好きは大人になっても変わりませんでした？

小野瀬…そうなんです。ずっと好きで。一方で食わず嫌いはほとんどなくなりました。野菜はもちろん、少し前まで個人的に〝ラスボス〟だった卵かけご飯をクリアしたので、もう無敵。いまじゃ、「おまえナスとかキュウリが嫌いとかふざんけんな」って叱る人になりまし

た（笑）。

丸山……それは、意識して好き嫌いをなくそうと努力された？

小野瀬…そういうわけではないです。みんなが美味しそうに食べてるのが悔しいんで、食べてみたら「なんだ、うまいじゃん」って。食いしん坊の意地ですかね。子供のころは食べることに全然頓着しなかったんですが。

丸山……変わるもんですよね。いまじゃ、グルメライターと認識している人もいらっしゃるでしょう？

小野瀬…ですね。去年なんて『ギターマガジン』には1回しか出てないのに、グルメ雑誌の『dancyu』には2回出てますから（笑）。ベテランのグルメライターさんからも「小野瀬さんの文章を見てどこそこの店に行きました」みたいな言葉もいただいたりして。不思議なもんですね。

■全国名物料理とのコラボ

丸山……だって、小野瀬さんブログで音楽のことといっさい書いてないじゃないですか（笑）。ツアーで行った先でも食べものの話ばかりで。この前も沖縄のおでんのこと書いておられました。

小野瀬…那覇の松山のおでん屋さんでちくわぶが入ってて、なんで？　って思ったらお客が持ってきて入れたからって。同じようなことが金沢でもあって。やっぱり客が

入れてほしいっていうんで、いまではちくわぶが入ってるらしいです。

丸山……沖縄でちくわぶが売ってるんですか？

小野瀬…ツアーで行ったとき確かめたんですが、那覇のスーパーに紀文のちくわぶが売ってました。だけど一般には知名度がなく、向こうの知り合いに「食べる？」って聞いたら「いや、食べない」とか。

丸山……売ってはいるけれど、知名度はないんですね。

小野瀬…でも、沖縄のおでんにはすごく合うと思うんですよ。沖縄のおでんって豚足とか入ってるんです。出汁は鰹節と昆布、そこに肉がどしっと入る。あそこにちくわぶを投入したら……。

丸山……おいしそう！

小野瀬…ですよね。ちくわぶ、いい仕事すると思うんです。沖縄でのおでんは肉料理のひとつみたいになってて、出汁も美味しいですから。

丸山……おでんにちくわぶは超定番ですけど、私が目指すのは各地方の名物料理とのコラボなんですよ。たとえば沖縄だったら沖縄そばのそばの替わりにちくわぶをインする。

小野瀬…それは美味しいですよ、絶対。

丸山……出汁はしっかり取ってあるけど、意外とあっさりして、ソーキとか脂分も適当にあって、ちくわぶが合うと思うんだけどなぁ。

小野瀬…沖縄そばだと思いきや、どんぶりからちくわぶが……。

丸山…… てびちとも合うんじゃないですか。甘辛の感じで煮たら。

小野瀬… ちくわぶと甘辛味のタッグは最強ですからね。

ちくわぶと甘辛味のタッグは最強ですからね。おなじ沖縄でも石垣島のおでんは、さらに濃いんです。脂もたっぷりで、汁が豚骨ラーメンみたくて透明度ゼロ！　しょっぱいけど甘いから、あそこに入れたらうまいだろうなぁ。

丸山…… ほかにありますか？　コラボできそうな名物料理。

小野瀬… 山梨の吉田うどんとか合うんじゃないかな。煮たキャベツが乗っかってて馬肉とか入るんです。あいつとなら気が合うんじゃないかな。山梨といえばほうとうだけど、地方には小麦粉団子とかいろんな粉もの文化があるので、どれでも合うと思う。それこそ名古屋の味噌煮込みうどんとかも。名古屋の新名物「味噌煮込みちくわぶ」とか！

丸山…… それいい！　地方の人に「ちくわぶってどんな味？」って聞かれたら、「すいとんが一番近くて、すいとんと同じで味はないんだけど、いい出汁を吸っておいしくなるの」とか説明してます。それで納得してくれる人も多いんですが、平成生まれには通じない（笑）。逆にすいとんの説明からしなきゃならなくて。

■超えられない関ヶ原

小野瀬… だけど、関西の人はなかなかちくわぶに心を開いてくれないですね。

丸山…… なかなか超えられない関ヶ原……。ちくわぶだけじゃなく「東京のモノ」をディスる方が多いと思うんですが、とりわけちくわぶへの風当たりが強い。

小野瀬… ただ「大阪は」とか、ひとくくりにできないとも感じてます。おなじ大阪府でも地域性がかなりある。焼肉でもよく食べる地域とそうでもない地域とか。あと、うどんもお好み焼きもたこ焼きも名物って言われるけど、よく聞けば「家で食べるもんだ」と。

丸山…… 九州はどうですか？

小野瀬… そういう意味では、関西以上に厳しい気がする。

丸山…… え、どうしてですか!?

小野瀬… 福岡のうどんとか食べたことあります？ コシのないのが好きなんですよね、九州の人たちの粉もの文化では。その中でちくわぶのアルデンテっぽい感じはダメなんじゃないかな。

丸山…… へー！ 私の周りでは意外にちくわぶ好きの九州人いますけど……。

小野瀬… ただ、地方の名物とのコラボもいいアイデアですが、一方で、食べに「来させる」というのもいいんじゃないでしょうか。

丸山…… 岩手のわんこそばみたいに？ あ

そこに行かなきゃ食べられないとか。

小野瀬…… そうそう。諸説あるにしても、いままでは多くの人が「宇都宮へ餃子を食べに行こう」とか「佐野のラーメンを食べにドライブしよう」みたいなことあるじゃないですか。「ちくわぶ食べたいね。こんどの日曜、赤羽へ行こうか」みたいな（笑）。

■テイクアウトできるちくわぶに

丸山…… じつは北区と飲食店が一緒になって「北区おでん」っていうのをやってるんですよ。そのアイコンがちくわぶ！　全然かわいくなくて（笑）。地味ながらいまも活動は続いてます。おでん屋じゃないですけど、「めぐりや」という赤羽のカフェでは、なんにでもちくわぶが入ってる。さすが地元なので、川口屋さんのちくわぶを使って。この前も味噌汁に普通にちくわぶが入ってましたから。

小野瀬…… そうやって思い入れのある人がおられると心強いですよね。地に足ついてる感じが。ただ、どうしてもやっぱり「おでん」というカテゴリーで語られちゃうわけですが。

丸山…… そうなんです。私も「ちくわぶ＝おでん」というのを全然否定しないんです。おでんは、沖縄もそうだし、全国にありますから、まずはそこからちくわぶを普及していくというのは王道。でも、さらなる普及を目指したいんです！　そのためには、調理せずに「そのまま食べられる」のが重要だと思っているんです。アメリカンドッグのように……。

小野瀬… ローソン100のおにぎりシリーズご存じですか？ すごい攻めてるんです。具がたこ焼きとか餃子とか、ぶっ飛んでる。この前なんかベビースターラーメンでしたから。

丸山…… それ、パリっとしてるんですか？

小野瀬… いや、してない。シナっとしてて、「これじゃダメじゃん」って気持ちを込めてブログに書きました(笑)。

丸山…… それならちくわぶでも全然いけますよね。ちくわぶをおにぎりにするなら天むすっぽい感じが合うと思うんです。甘辛味で天ぷらにして揚げたちくわぶがおにぎりの頭から見える的な。絶対いけると思う。

小野瀬… ローソンはローソンでもローソン100だけのオリジナル商品なんですけど。こんど広報の人に訊いてみますよ。

丸山…… ぜひ‼

■「ちくわ部」の結成

丸山…… 小野瀬さんは「ちくわ部」っていう部活動のようなこともなさってて、すごい普及に力を入れてくださってるんですよね。この本の写真を撮ってくれてる渡邉ハッカイさんは元有頂天ですし、ミュージシャンにちくわぶ好きが多いような気がする。

小野瀬… 最近はあまり活動できてないですが、以前はちくわぶTシャツをみんなで作ったり。THE ALFEEの高見沢さんがちくわぶ好きだって聞いたことがあって。というのも、クレイジーケンバンドの舞台監督が以前THE ALFEEと仕事されてたんです。

丸山……高見沢さんのラジオ番組に出演させてもらったことがあって、ちくわぶが東京とその周辺にしかないって以前は知らなかったそうなんです。全国にあると思ってて。高見沢さんは埼玉出身ですが、ツアー先のおでん屋さんでちくわぶが入ってなくてキレたとか（笑）。

小野瀬…丸山さんもちくわぶグッズを作ってらっしゃるんですか。

丸山……はい、Tシャツとかブローチとか。歌も作ったんですよ。渡邉ハッカイさんの

作曲で。かなり本格的（笑）。

小野瀬…すごいですね。ミュージシャンだけじゃなく、いろんな人を集めて「シー、ケー、ダブリュ、ビー」やりますか！

丸山……CKWB！「ち・く・わ・ぶ」ですね！ CKB《クレイジーケンバンド》じゃなくて、「W」がひとつ多い！

小野瀬…そう！「私、このたびCKBからCKWBへ移籍しました」ってプレスリリースして会見も開いちゃう（笑）。

丸山……いいですね！その際は、ぜひここ赤羽で会見しましょう。

2019年9月5日
青猫書房にて収録

ちくわぶ食べようよ

作詞：丸山晶代
作曲/アレンジ：Hackai

「ちくわぶ食べようよ」は
YouTubeでも視聴可
https://youtu.be/10N7_Gfukvl

オリジナルソング

“ちくわぶ食べようよ”

著者（丸山晶代）と写真担当（渡邊博海）が共同で作ったオリジナルソングが「ちくわぶ食べようよ」です。

1980年代に「ナゴムギャル」なる造語も生み出しバンドブームを牽引した有頂天の元ギタリストでもある渡邊が作曲した本格派。歌詞は、まさにナゴムギャルだった丸山晶代のオリジナル。

本曲以外にもバラード「ちくわぶ・オブ・ラブ」（丸山晶代作詞、Hackai作曲）やGO-BANG'Sの「あいにきてI NEED YOU」の替え歌「食べにきてちくわぶ」もあります！

渡邊博海 プロフィール

1964年福島県生まれ。80年代にニューウェイブバンド有頂天のギタリストとしメジャーデビュー。脱退後、BGMやCM音楽、アレンジなどを行う一方、ライター、カメラマンとしても活動。現在はSharkiRoma（シャルキィロマ）で、アラブの弦楽器「ウード」をプレイするほか「島へ行くボート」にも参加。またの名をHackai（ハッカイ）。

公式サイト
http://www.hackai.net/

ちくわぶ出ちゃう！」とツイートしたのには大笑いしました。

そして本書で対談くださったクレイジーケンバンドのギタリスト、小野瀬雅生さんとの出会いもちくわぶナイトでした。

2018年には「ちくわぶの日」を制定。ますますパワーアップするちくわぶナイトを、ぜひおためしくださいね！

スイーツ、Tシャツ、そして主役のちくわぶの販売も

ちくわぶの日・制定

2018年には10月10日が「ちくわぶの日」と認定されました！「10」を「ちくわぶ」の棒状の形と穴があいていることに見立てています。暖かい料理が恋しくなる季節だけにぴったりですね。

お笑いコンビ「ちくわぶ」と認定証を手に記念撮影

ちくわぶナイト開催！

ちくわぶ料理研究家・丸山の活動の第一歩は、2011年9月28日にくしゃまんべ（東京都北区豊島1-7-6）という古書カフェにて開催した第1回ちくわぶナイトでした。

その時の「コース・メニュー」がこちら↓

ちくわぶかりんとう、ちくわぶの味噌漬けバターソテー、超煮込みおでん、ちくわぶのからあげ、ちくわぶのフォー、さらにアラカルトとして、焼きちくわぶ、ちくわぶのおつまみアーリオオーリオ、ちくわぶクッキーを提供しました。

その後も回を重ね、2019年までに約50回を数えるまでになりました。

ユーストリーム配信や謎のちくわぶDJの登場など、毎回大騒ぎして続けています。

コース料理でデザートまでちくわぶなので、かなりのボリューム。ある日など、帰路に着かれた方が、JR線の遅延で電車が大混雑に。そしたらあるお客さんがツイッターで「やめて！

ちくわぶナイトのメニュー

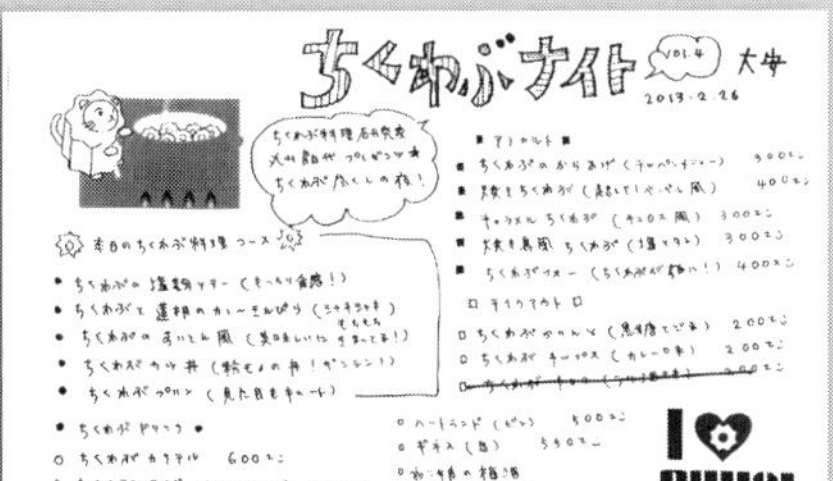

ちくわぶナイトで初対面となった小野瀬さん（左）と筆者

あとがき

ソウルフードとしてのちくわぶ

私は1969（昭和44）年に足立区で生まれました。

子供の頃、学校帰りに立ち寄る駄菓子屋には、もんじゃ焼きと煮込まれたおでんがありました。また、猫の額のような公園には、屋台のおでん屋さんが立ち並んでいたものです。

これらのおでん屋さんは、昼間子どもを相手に商い、夕暮れると銭湯前に移動して大人たちを相手にしていました。

いい香りのする仕切り鍋を覗くといろんなタネが並んでいるのですが、なかでも子供のおこづかいで買えて、お腹に溜まるのがなんといってもちくわぶだったのです。

私が小学2年生の時に、両親が小さなお店をはじめました。冬になると大きな鍋でおでんも売っていたので、もう食べ放題（笑）。給食のない土曜日のお昼ごはんはおでん、学校から帰って（そう週休2日制になるずっと前のことです）、お習字に行く前のおやつもおでん。

そして私の母は、筑前煮やひじきの煮物にも必ずちくわぶを入れていました。私にとっては「あってあたりまえ」「煮物にも入ってってあたりまえ」のちくわぶが、東京近郊でしか食べられておらず、マイナー食材であることを大人になって知った時には、大げさでなくショックで寝込んでしまったほどでした。

さらに東京でも、ほとんどの人がおでんで

しか食べた事がない！　という衝撃の事実を知りました。

なんてもったいない！　人生損しているわ！　そうだ、おでんや煮物以外でも美味しくなるんじゃないの？　ちくわぶ料理でフルコースを出すイベントをやろう！　こうなれば、今日から「ちくわぶ料理研究家」を名乗ろう！　がすべて同時にひらめきました。

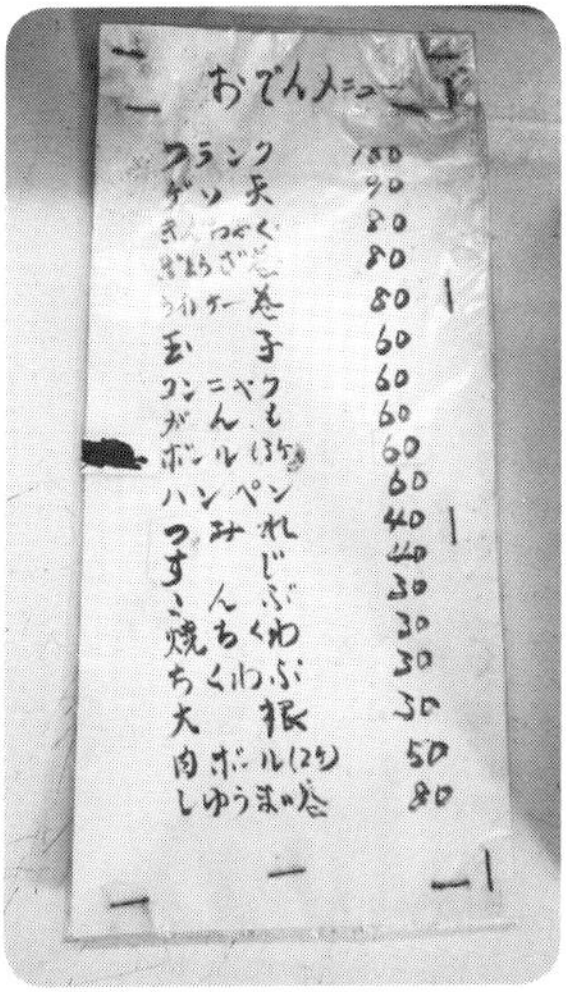

かつての東京では駄菓子屋でおでんを食べる文化があった（東日暮里の久米商店にて）
photo　刈部山本

そして、「ちくわぶナイト」を２０１１年９月に初開催し、ＳＮＳで話題になり雑誌、テレビ、ラジオ等に出演するようになりました。今ではちくわぶ料理レシピ５００以上に。日本列島で流通しているちくわぶは、おそらく全部食べたと思います。


そんな私にとって、初めての本がこの「ちくわぶの世界」です。

あちこちの出版社をめぐるなかで、ちくわぶ好きには「聖地」ともいえる北区赤羽に出版社があることを知って、即座に「ころから」へ企画を持ち込みました。

それまでに「マイナーすぎる」「アンチが多すぎる」とネガティブな反応が多かったのに、ころからの人たちは「ちくわぶ、いいね！」と書籍化を即答してくれたのです。

しかし、そこから産みの苦しみが続きました。

なにせ初めての本作りで分からないことだらけ。思っていたより大変なことに気づいて落ち込みかけたところ、私の尻をたたいてくれるふたつの出来事がありました。

ひとつは、「マツコの知らない世界」（TBS系列）に出演したこと。もうひとつは、カバー装画を描いたくださったくまくら珠美さんとの出会いでした。

マツコさんは、私のレシピに愛あるダメ出しをしつつ、さまざまなアドバイスをくださったことに感謝しきれません。

そして、くまくら画伯による素晴らしい装画を見た瞬間、この本を世に問わねば死ねないとすら思いました。

また、写真を撮ってくださった渡邉博海さんは編集作業にも併走してくれました。のみならず、1980年代に一世を風靡した有頂天の元ギタリストという才能を発揮して「ちくわぶソング」まで作曲してくださいました。

私にとってのちくわぶは、幼少期の風景とリンクしたソウルフード。だれにもそんな食べものはあると思います。

なかでも、ちくわぶは独特の食感があり、煮ても焼いても揚げても炒めても漬けても茹でても美味しくなる出来る子！　そして、みんなの味を吸い込むまとめ役のお母さん――まだまだインディーズのちくわぶを、メジャーデビューさせたい！　そんな夢をいだいて、この本を世に送り出します。

それぞれのソウルフードを胸にいだいているあなたへ――

2019年ちくわぶの日に

丸山晶代（ちくわぶ料理研究家）

特別付録

ちくわぶの美味しい食べ方とレシピ集

煮ても焼いてもおいしい！

「ちくわぶの世界」を堪能された方は、「いざ実食」といきたいところですよね。

ちくわぶの大本命は「おでん」ですが、それだけでなく煮ても焼いてもおいしい食材なのです。

まず「煮る」ですが、なんといっても「下茹で」が肝心。これによって食感が「もちもち」になるか「ねちゃねちゃ」になるか大きな分かれ道になります。

下茹では鍋でもいいのですが、私が発見した錬金術ならぬ「レンチン術」がお薦め。耐熱容器に水と一緒に入れてレンジで温めるだけ。加熱してから調理すると味が染みこみやすく、とにかくおいしくなります。

ちくわぶはおでん以外でも、とても簡単に美味しく調理ができます。調理方法によって全く食感も変わり、見た目もいろいろ。

ここでは美味しく食べるコツをお伝えしますので、アレンジしてちくわぶ料理を楽しんでくださいね。

巻末には、これまでに考案した500種類のちくわぶレシピの中からオススメのものを掲載しています。インターネットのクックパッドにも掲載していますので、こちらも活用してください。

I LOVE CHIKUWABU

cookpad
I LOVE ちくわぶ
https://cookpad.com/kitchen/5964513

秘伝その1

おでんで美味しく食べる

なんといっても欠かせないのが「下ゆで」です。「モチモチ感」が断然変わります。

お好きな形に切って、鍋でぷっくりするまで茹でるだけ。時間にして3分ほど。柔らか目が好きな方は長めに茹でてください。

下ゆでることで粉っぽさが消え、モチモチした食感になります。

「1本目」で紹介しましたように、ちくわぶは小麦粉の生地がミルフィーユ状になっています。下ゆでして、ぷっくり膨らませることで出汁が染み込みやすくなるのです。

また、ちくわぶやカレーが2日目に美味しいのは、じつは科学の力。食材は温度が下がるときに味がしみこむのです。ぜひお試しあれ。

※鍋で下ゆでするのが億劫な方は、「レンチン」でいけます。耐熱容器にちくわぶと隠れるくらいのお水を入れて5分でもOK！

秘伝その2

ちくわぶを焼いて食べる

小麦粉のかたまりとも言えるちくわぶだけに、焼いても美味しいのです。好みの形に切って、トースターやフライパンでこんがり焦げ目がつくまで焼くだけ！　おでんのモチモチ感とは違う食感が楽しめます。

味はついていませんので、わさび醤油、砂糖醤油、カレー塩、青のりとソース、ケチャップとマスタード、ジャム、あんこ、みたらし――お好きな味付けで楽しんでくださいね。

秘伝その3

ちくわぶを茹でて食べる

切ったちくわぶを茹でるだけで、おいしいおやつになります。あんこやきなこと黒蜜をかけたり、あんみつにプラスしたり。

パスタと同じように、ミートソースやナポリタンにするとお子様でも食べやすく、のびないのでお弁当にも。

輪切りにして、ちくわぶが浮いてくるまで茹でるだけなので3分くらい。レンチンならお水と一緒に入れて5分くらい。スパゲッティをゆでるよりずっと時短に!

秘伝その2

ちくわぶを揚げて食べる

薄く切ったちくわぶをきつね色になるまで揚げるだけで、スナック菓子になります。

青のりと塩、カレー塩、粉チーズ、ブラックペッパーなどなどお好きなアレンジで!

カットしてきつね色になるまで揚げて、シナモンシュガーをまぶしたらチュロスに! 小さめに切って、キャラルソースやチョコレートソースをかけるとドーナッツ風になります。ちくわぶは油分がないので、ちょっとだけヘルシー(笑)。スティック状に切って揚げてから、サルサソース等のディップで食べるのもオススメ。揚げたちくわぶの食感は他にはないのでぜひお試しいただきたいのですが、一つだけ注意点が! 揚げたものは冷めると固くなり「激マズ」です。

必ず温かいうちにお召し上がりください。

秘伝その5

ちくわぶを炒めて食べる

ちくわぶを炒めると、サクッモチッとした

食感が楽しめます。和食ならきんぴらや野菜の炒め物に。味の濃い中華料理、エスニック料理にもあいます。さらに食感では韓国料理のトッポギとも似ていますよね。

炒める時は火が通りやすいように薄く斜め切りか短冊切りがオススメです。

秘伝その6
ちくわぶを漬けて食べる

ちくわぶを漬ける!? そう漬けるのです！下ゆでしてから寿司酢に漬ければシコシコした食感のピクルスに。ぬか漬け、塩麹、味噌、酒粕などいろんなものに漬けてみて。水分が抜けるので、よりもっちりした食感です。ピクルス以外は漬けてから焼いてくださいね。

秘伝その7
ちくわぶを汁物に入れて食べる

どんな汁物でもちくわぶは合います。味噌汁からスープ、シチューや鍋料理に。原材料が小麦粉なのですいとんと似ているのですが、ちくわぶの方がみっちりしていて、食感が楽しめるのと、切るだけなので簡単。

特にすき焼きや寄せ鍋に入れると、シメのうどん要らず（この場合は下ゆで不要）。

輪切りにして、野菜スープやミネストローネに入れれば、おしゃれな朝食にも。お子様も食べやすいです。

秘伝番外編
「染み込み／食感比較」結果

以上がちくわぶを美味しく調理いただく7つの「秘伝」ですが、ちくわぶ料理研究家としては、いかに下茹ですれば「より味が染み込み」「より食感がよくなるのか」を実験しました。

まず、20グラム分に切り分けたちくわぶを10本用意します。これを10種類の方法で下茹でします。そして、醤油に5分間漬けてみて、それぞれの重量を計りました。

たとえば、「ラップなしレンチン1分」の下茹で方法の場合、20グラムのちくわぶが下茹で後に15グラムになり、醤油に5分漬けるとその重量は17グラムに。すなわち2グラム分の醤油が染み込んだと判断しました。

結論としては、染み込みの差よりも食感の差が大きいようです。

レンチンではなく「3分茹でる」の場合、染み込み量は測定できないほど小さなものでしたが、食感はもちもち。同じく、「水に入れてラップしてレンチン」が食感がよくなります。

意外なのは「ラップなしレンチン1分」で弾力性と染み込み度を両立しているので、たとえば唐揚げの場合は、この「ラップなしレンチン1分」が手軽でお薦めです。

このように、調理法にあわせて、ベストな下茹で方法を模索するのも楽しいのではないでしょうか。

下茹で方法	下茹で後（g）	5分間漬けた後（g）	染みた量（g）	インプレッション
そのまま	20	20	0	全く染みてない
3分茹でる	20	20	0	表面だけ染みている。食感はもちもち。
ラップなしレンチン1分	15	17	2	穴付近が染みている。弾力がある。
ラップなしレンチン2分	10	16	6	かなり染みているが固くてガリガリ
ラップしてレンチン1分	16	18	2	穴付近、表面も染みている。
ラップしてレンチン2分	11	17	6	かなり染みこんでいるが固くてガリガリ
水に濡らしてラップなしレンチン1分	16	17	1	穴中心に染みている。食感は固め。
水に濡らしてラップなしレンチン2分	11	17	6	かなり染みこんでいるが固くてガリガリ
水に入れてラップしてレンチン1分	21	21	0	表面だけ染みている。食感はもちもち
水に入れてラップしてレンチン2分	20	21	1	表面はかなり染みている。もちもち。

コツ・ポイント
揚げたちくわぶはモッチリして美味しいのですが、冷めると粉っぽくなり激マズです！必ずアツアツを召し上がって下さいね。味が濃いのがお好きな方は、衣に付け汁を沢山入れてください。水と付け汁の割合はお好みで！（私は半々くらいです）

材料 | 2人分

ちくわぶ	1本
しょうゆ	大さじ3
酒	大さじ2
しょうが、にんにく	ひとかけをすりおろし
小麦粉、片栗粉、水	適宜

1. ちくわぶを好きな大きさに切り、タッパーにひたひたのお水と入れ、蓋をずらして置くか、ふわっとラップでレンチン5分

2. 水気を切り、つけ汁の材料を合わせ、ジップロックやボールにちくわぶを入れ、5～10分程漬け込む。

3. 揚げ油を熱し（180度）片栗粉、小麦粉同量を混ぜて、水と付け汁で溶き（てんぷら位の衣）ちくわぶにまぶしてカラリと揚げる。

丸山晶代の ちくわぶレシピ 01

ちくわぶのからあげ

ちくわぶなのに
お肉っぽい？
丸山レシピの中で
１番人気！

丸山晶代の
02
ちくわぶレシピ

マツコさんも絶賛！

簡単ちくわぶカヌレ♪

ちくわぶを調味料に
漬け込んで
フライパンで焼くだけ！
外側カリッ、
中はもっちりの
カヌレが出来ます

1 ちくわぶ1/2を3等分に切る
2 耐熱容器にちくわぶと、ちくわぶが隠れるくらいのお水を入れる
3 ふわっとラップをするか、ふたを少しずらして置く（閉めない）レンチン5分
4 水を捨てて、バターと調味料をすべて入れる。バターが溶けない場合は少しだけレンチンして全体に絡めて5分漬け込む
5 フライパンを熱し、弱火でじっくり焼く。調味料をつけながらすべての面をじっくり焼く
6 少し焦げた位がカリッとして美味しいですが、焦げすぎない様に注意します。
7 焼きたてでも、冷めてからでも外側カリッと中はもっちりしています。粉砂糖をかけると可愛くなります♪
8 つけ汁は使い切らなくても大丈夫ですが、つけて焼くを繰り返してじっくり焼いてくださいね。
9 ちくわぶを小さめに切れば早めに焼きあがります。染み込ませるというより外側をコーティングする感じです。
9 ちくわぶの穴にラムレーズンやオレンジピールを入れるとより美味しくなりますよ☆

材料 ｜3個分

ちくわぶ	1/2本
バター	10g
ラム酒大さじ	1/2〜1
メープルシロップ	大さじ1
バニラエッセンス	適宜

コツ・ポイント

調味料にバターが入っているので焼く時に油はいりませんが焦げやすいので、弱火でじっくり焼いて下さい。調味料は少し残って大丈夫です。

私はラム酒が好きなので大さじ1杯入れますが、お子様にはなしでバニラエッセンスを多めに入れてください。

おもてなしや前菜、おつまみに♪
パーティで人気のメニューです！

丸山晶代の 03 ちくわぶレシピ

おもてなしに♪

ちくわぶと生ハムピンチョス

材料 | 8個分

ちくわぶ	1/2本
生ハム	8枚
アスパラガス	3本
プチトマト	2個
オリーブオイル	大さじ1
粉チーズ	大さじ1
ハーブソルト（クレイジーソルト等）	適宜

1. ちくわぶを8等分に切る。
2. 耐熱容器にちくわぶと隠れるくらいの水を入れて、ふわっとラップか蓋をずらして置いて、レンチン3分。ちくわぶを取り出す。
3. アスパラガスを8等分位に切る。ちくわぶを取り出した容器に入れてふわっとラップしてレンチン2分。取り出して水気を切る。
4. 生ハムを半分に切る。
5. ちくわぶと調味料を全て入れて混ぜる
6. ちくわぶに生ハムを巻きつける（2枚）
7. ちくわぶの上にアスパラガスやプチトマトを乗せて出来上がり♪
8. 乗せるのは、他に菜の花やブロッコリー、カリフラワー、千切りの人参などお好みで♪

コツ・ポイント

ハーブソルトがない場合は塩とブラックペッパーでも！ガールックソルトをプラスしても美味しいです。トッピングの種類を多くすればとても華やかになります。ちくわぶの味付けが濃いので野菜はそのままでOK！

野菜がたっぷり食べられるチリソース！
ちくわぶとエビ両方入れても楽しい♪

丸山晶代の 04 ちくわぶレシピ

もうエビはいらない?!

ちくわぶチリソース

材料 | 2人前

ちくわぶ	1/2本
玉ねぎ	1/2個
ピーマン、パプリカ等	適宜
しょうが（みじん切り）	ひとかけ分
にんにく（みじん切り）	ひとかけ分
豆板醤	小さじ1
鶏がらスープの素（顆粒）	小さじ1
砂糖	小さじ1
酒	大さじ1
オイスターソース	小さじ1
水	200cc
ごま油（仕上げ用）	少々
片栗粉	小さじ2

1 ちくわぶ1/2本を8等分して、1箇所に切れ目を入れる（エビっぽくしない場合は切り方は何でもOK）
2 そのまま素揚げする。穴に菜箸を入れてちょっと広げるとエビのようになります。表面がカリッとすればOK!
3 野菜はちくわぶと同じくらいの大きさに角切りする
4 フライパンを熱し、油（分量外）を入れにんにく、しょうがを入れて香りが立ってきたら他の野菜を入れ、水以外の調味料を入れる
5 水を入れて沸騰したら揚げたちくわぶを入れてかき混ぜ、一煮立ちする。
6 一旦火を止めて、水溶き片栗粉（水大さじ1、片栗粉小さじ2）を入れて火をつける。とろみがついたらごま油をひとたらしする
7 エビっぽくしなくて良い場合はどんな切り方でもOK！揚げるのが面倒ならトースターやフライパンで焼いても！
8 エビを入れる場合は背ワタを取り、水気を拭いてから片栗粉をまぶして揚げるか、焼いてください。その場合水溶き片栗粉は不要です

コツ・ポイント
ベジタリアンの方は鶏ガラでなくベジブロス、オイスターソースはケチャップ大さじ1に変更してください。豆板醤は多めなので、辛いです。お好みに加減してくださいね。野菜は何でもOK♪ソースが美味しいので野菜もたっぷり食べられます。もちろんエビでも。お弁当にもGOOD☆

究極の
ちくわぶレシピ！
おつまみや
おやつに♪

簡単！美味！

ちくわぶピンチョス☆サラミ

材料 | 1人分

ちくわぶ	適宜
おつまみ用サラミ	適宜

1. ちくわぶをサラミと同じ長さに切る
2. ちくわぶの穴にサラミを入れる。ちくわぶをぎゅっと押さえて差し込む。
3. 半分に切る
4. トースターかフライパンでこんがりと焼いて出来上がり♪

コツ・ポイント

そのままでも美味しいですが、お好みでマスタード、わさび醤油、七味マヨ、カレー塩、塩etc…で召し上がれ♪焼いたちくわぶは、もっちもちでとても美味しいです！ちくわぶの穴にサラミが入れにくい場合はラップして少しだけレンチンしてください。

お家で簡単にフォーが作れます！
丸山晶代の
06
ちくわぶレシピ
簡単！お鍋ひとつで

ちくわぶフォー

材料	10〜12個分
ちくわぶ	1本
むき海老	5尾くらい
パクチー	好きなだけ
セロリ	1/2〜1本
もやし	1/2袋
●鷹の爪（輪切り）	お好みで
●にんにくすりおろし	少々
●水	500cc
●鶏ガラスープの素	大さじ1杯
●ナンプラー	小さじ1杯
●コショウ	少々
塩	少々
レモンまたはライム	適宜

1. ちくわぶを麺状に切る。太さや長さは気にしなくてOK！
2. パクチーは小口切り、根っこはみじん切り、セロリは斜め切り、もやし、むき海老は軽く洗っておく
3. 鍋に●の水、鶏ガラスープの素、ナンプラー、鷹の爪、にんにくすりおろし、コショウ、エビ、パクチーの根っこを入れ火にかける
4. 沸騰したら麺状に切ったちくわぶを入れて1分煮る（中火）味見をして塩を適宜入れる
5. 1分したらセロリを入れ、一煮立ちしたらもやしを入れて火を止める。
6. 器に盛り付け、お好みでレモン、ライムをかけて召し上がれ♪

コツ・ポイント

今回は海老で作りましたが鶏肉でもOK！その場合は火が通ってからちくわぶを入れてくださいね。野菜もお好みでアレンジOK！ナンプラーによって塩分が違うので、ちくわぶを入れてから味見をして塩で調整してください。もやしはシャキシャキが美味しいです。

揚げるだけで
安心のスナック菓子が
お好きなフレーバーで
どうぞ☆

安心の手作りおやつ！

ちくわぶチップス

材料

ちくわぶ	適宜
青のり	適宜
塩	適宜

1 ちくわぶはなるべく薄く輪切りにする
2 180度に熱した油で揚げるだけ！ちくわぶがくっつかないようにだけ注意してください
3 少し色がついてカリカリになるまで揚げてください。
4 今回は青のりと塩を振りましたが、カレー粉と塩、粉チーズ、塩とブラックペッパー等お好みで♪

コツ・ポイント

カリカリに揚げるので、湿気さえ気をつければ日持ちします。カリカリポリポリつい手が出ちゃう美味しさです！素揚げして、いろんな味で楽しんでくださいね。

1人分のカルボナーラを
簡単に美味しく！
すべてレンチンなのに
濃厚で本格的な
仕上がりです♪

レンチンで簡単！

ちくわぶ カルボナーラ

材料 ｜10〜12個分

ちくわぶ	1本
牛乳	100cc
ベーコン	適宜
スライスチーズ	1枚
バター	1かけ
卵黄	1個分
塩	ひとつまみ
ブラックペッパー	お好みで

1. ちくわぶは5ミリ程度に切り水にくぐらせ、ラップなしでレンジで1分加熱
2. 牛乳、塩ひとつまみを入れ3分ほど浸す。その間にベーコンを切り、卵黄を用意する。
3. ちくわぶの上にベーコンを散らしラップなしでレンジで3分加熱
4. 軽くかき混ぜてから、スライスチーズをちぎってのせて、ラップなしレンジで1〜2分加熱（チーズが溶けるまで）
5. バター、卵黄を加えて混ぜ、ラップなしレンジで30秒〜1分加熱。ブラックペッパーをふりかけて出来上がり♪

コツ・ポイント

レンチンはすべてラップなし。生クリームなしでも牛乳の水分を飛ばす事で濃厚な味に仕上がります。最初の行程は粉っぽさを消す為ですが、お急ぎの場合は「3」からスタートでもOK。最後のレンチンは加熱しすぎると卵が固まるので要注意。

ちくわぶがお洒落な
スイーツに大変身♪
お土産にも
喜ばれますよ！
丸山晶代の
09
ちくわぶレシピ

ちくわぶが
お洒落なスイーツに大変身

ちくわぶ フロランタン

材料 | 40個分

ちくわぶ	1本
●バター	25g
●砂糖	15g
●蜂蜜	15g
●生クリーム	15g
小麦粉	小さじ1
スライスアーモンド	50g

1 ちくわぶは3ミリ程度に輪切りして、180度のオーブンで10～15分下焼きする（表面が乾く程度）
2 スライスアーモンドに小麦粉をまぶしておく
3 ●のフィリングの材料を鍋に入れ、中火にかける。泡が大きくとろみがついてきたら火を止める。焦がさない様に火加減は注意。
4 スライスアーモンドを絡める。この時点ではカラメル状にしない。
5 下焼きしたちくわぶの上にフィリングを乗せる。小さなスプーンを使うと便利！
6 180度で15分程度焼く。オーブンによって違うので、こんがり少し焦げる程度が香ばしくておススメです。
7 出来上がりはベタベタしていますが冷めるとフィリングはカリッと、ちくわぶはもっちりします。

コツ・ポイント
どうしてもフィリングが少し落ちるので焼くときはクッキングシートを必ず敷いて下さい。ちくわぶの厚さはお好みで！

材料を切って、
火にかけるだけ！
簡単なのに
驚きの食感♪

驚き食感☆

ちくわぶのアヒージョ

材料

ちくわぶ	1/2本
マッシュルーム	4個
パプリカ	1/4個
にんにく（スライス）	1かけ
オリーブオイル	適宜
ハーブソルトまたは塩	2〜3つまみ

1. ちくわぶは輪切りにする
2. 野菜はちくわぶと同じくらいの大きさに切る
3. スキレットにちくわぶと野菜を入れ、材料が隠れるくらいオリーブオイルを注ぎ、にんにくを乗せ、塩を振る
4. 弱火でゆっくり加熱する。野菜がしんなりしたら出来上がり

コツ・ポイント

オイルで温めたちくわぶはびっくりする柔らか食感！野菜はなんでもOKです。ベーコンやエビ等をプラスしても美味しい♪あれば、アンチョビを1〜2枚、赤唐辛子をプラスするとグッとコクが出ます！

ちくわぶをご飯に乗せる
パンチのあるメニュー
ボリュームたっぷりですが
お肉よりもヘルシー！

材料 1人分	
ちくわぶ	1/2本
卵	1個
玉ねぎ	1/4個
●だし汁	1カップ
●醤油	大さじ1と1/2
●酒	大さじ1
●みりん	大さじ1（お好みで増減）
パン粉	適宜
卵（小麦粉を水で溶いたものでも可）	1個
揚げ油	適宜
三つ葉	適宜
ご飯	お好みの量

1 ちくわぶ1/2を3等分に切る
2 ●のだし汁の材料を合わせ、煮立たせる。ちくわぶを入れて中火で5分ほど煮る（時間があればそのまま煮含ませる）
3 ちくわぶは卵、パン粉を付けて180度の油でカラッと揚げる
4 ちくわぶを取り出した後のだし汁を煮立たせて、玉ねぎをしんなりするまで煮てから、一口大に切ったちくわぶを入れる
5 卵を溶いて全体に回しかけ、お好みの状態で火を止める。
6 丼にご飯を盛り付け、ちくわぶの卵とじを乗せる。三つ葉をあしらう

丸山晶代の 11 ちくわぶレシピ

ちくわぶカツ丼

コツ・ポイント

ちくわぶに下味をつけることがポイントです！時間があれば火を止めてそのまま味を染みこませて下さい。
かなりおなかいっぱいになりますので、ご飯の量は控えめにした方がいいかも（笑）
一見イカフライに見えるので、サプライズ的に提供するのもおもしろい!?

コツ・ポイント レンチン＆冷ますのが面倒な場合は、そのままポークビッツを詰めて、カレー粉と塩を適宜ふりかけてから焼いてもOKです。が、レシピ通りだと冷めても美味しいのでお弁当におススメ！

材料｜1人分

ちくわぶ	1/2本
ポークビッツ	3本
水	1カップ
塩	小さじ2
カレー粉	小さじ1

1. ちくわぶは9等分に、ポークビッツは3等分に切る。
2. 耐熱容器にちくわぶ、水、塩、カレー粉を入れて軽く混ぜ、ふんわりラップか蓋を少しずらして置いてレンチン3分
3. レンジから出したらラップ（蓋）を取り、粗熱が取れるまで冷ます
4. ちくわぶの穴にポークビッツを詰める
5. フライパンを熱し、油を敷き（分量外）両面を焼く。こげない方が可愛いので弱火または中火で

丸山晶代の ちくわぶレシピ 12

ちくわぶの お花ソテー

まるで
お花みたいなちくわぶ
子供が大好きな
カレー味で♪

丸山晶代の
13
ちくわぶレシピ
レトルトや
コンビニおでんに
ちくわぶを
足す方法です♪

レトルトを賢く使って

5分でおでん！

材料

レトルトかコンビニおでん　お好きなだけ
ちくわぶ　お好きなだけ

1. ちくわぶを切る。味が染み込みやすいので斜め切りがオススメです
2. 耐熱容器にちくわぶと隠れるくらいの水を入れて、ふわっとラップか蓋を少しずらして置いてレンチン5分
3. 水を捨てて、おでんの出汁だけを入れる。蓋をずらして置いてレンチン3分
4. お皿におでんの具とちくわぶ、出汁を入れてレンチン2分。卵が爆発するので加熱時間は注意してくださいね

コツ・ポイント

ちくわぶやおでんの具の量によって最後のレンチンの時間は調整してください。卵は早めに取り出してくださいね。時間に余裕がある場合は3の後、一度冷ますと味が染み込みます。関東以外の方にも気軽にお試しいただける方法です。

キティー先輩に負けるな

ちくわぶキャラ

ちくわぶを次世代に繋げていくためには、ちびっこにも食べてもらわねば……そんな思いからゆるキャラを作成しました。その名も「ちくわぶーちゃん」です！

ちくわぶの「ぶ」て何なの？ とよく聞かれるので、なら「ぶーちゃん」でブタちゃんにしちゃおう！　ということに。さらに、私が運営する猫グッズ通販サイト「丸山商店」の看板猫チコタンのキャラとあわせて「CCB」と言うバンドのキャラまで作ってしまったのです。

ちくわぶーちゃん

©水玉猫

しかし、もっとも有名な「ちくわぶキャラ」は、アニメ化されたリリー・フランキーさんの絵本『おでんくん』（小学館）の「ちくわぶー」でしょう。

「おでん村」設定に、「だいこん先生」や「はんぺんくん」と並んで「ちくわぶー」が登場したのは、画期的なことでした。

そして、いつの日か「ちくわぶーちゃん」がちくわぶのパッケージに採用されることを心待ちにしています！

「おでんくん」に登場するちくわぶー

©リリー・フランキー
©Oden to the people

「丸山商店」の看板猫チコタン

©水玉猫

ちくわぶグッズ

著者が店長の
通販サイト「丸山商店」では、
ほぼ
世界唯一のちくわぶグッズを
販売しています。

http://neko-maru.com/

そのものズバリ、
I LOVE ちくわぶ
Tシャツ

ちくわぶ
ブローチで
ライバルと
差をつけよう!
©necomilk

レコード型バッチは
レトロ風味

ちくわぶキーホルダーは、
その色味にこだわりが
©necomilk

箸置きは非売品
©家鴨窯